KB271086

독도(獨島), 보배로운 한국영토

책 이 름 / 독도(獨島), 보배로운 한국영토

지 은 이 / 신 용 하
펴 낸 이 / 김 경 희
펴 낸 곳 / (주)지식산업사
등록번호 / 1-363
등록날짜 / 1969. 5. 8
초판 제 1 쇄 발행 / 1996. 8. 17
초판 제 2 쇄 발행 / 1997. 5. 15
주   소 / 서울시 종로구 통의동 35 -18
전   화 / (734)1978·1958 (735)1216 팩스 (720)7900
책   값 / **6,000원**

ⓒ 신용하, 1996

ISBN 89 -423 -1035 -4   03900

* 이 책을 읽고 저자에게 문의하고자 하는 이는
  지식산업사 편집부로 연락바랍니다.

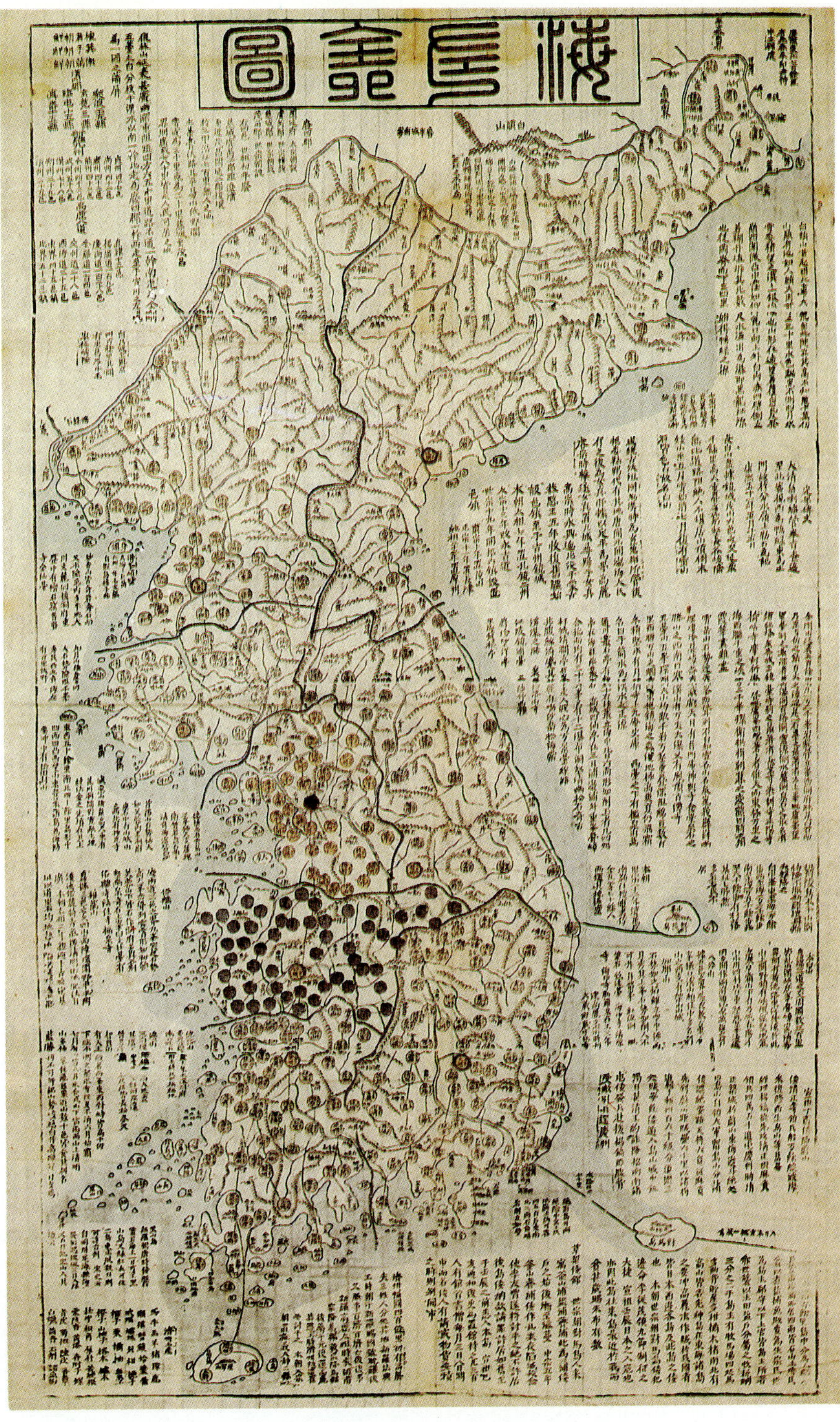

19세기 전기의 〈海左全圖〉. 1822년 경에 제작된 이 지도에는 독도가 울릉도 동쪽에 정확하게 그려져 있고, 독도가 조선왕국의 영토임을 명백하게 표시하고 있다.(李 燦 소장)

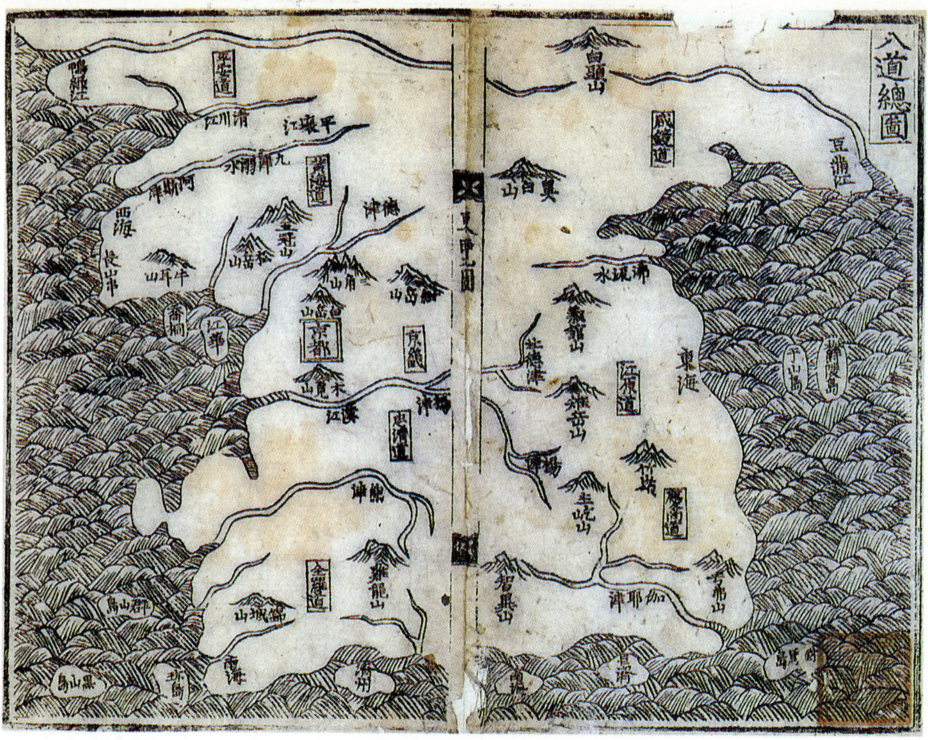

↑ 〈八道總圖〉(일명 東覽圖). 1530년에 편찬된 《신증동국여지승람》의 첫머리에 수록된 전국지도로, 지도를 작성한 문관들이 우산도의 위치를 울릉도 안쪽에다 그려놓긴 했지만 울릉도와 우산도가 조선영토임을 강렬한 의지로 표시하고 있다. (李 燦 소장)

← 〈東國地圖〉 후기사본 가운데 하나인 강원도지도. 우산도가 울릉도 동쪽의 정확한 위치에 그려져 있다. 정상기의 〈東國地圖〉의 영향으로 이후 조선의 고지도들은 독도 위치를 정확하게 그려넣고 있다. (서울대도서관 규장각 소장)

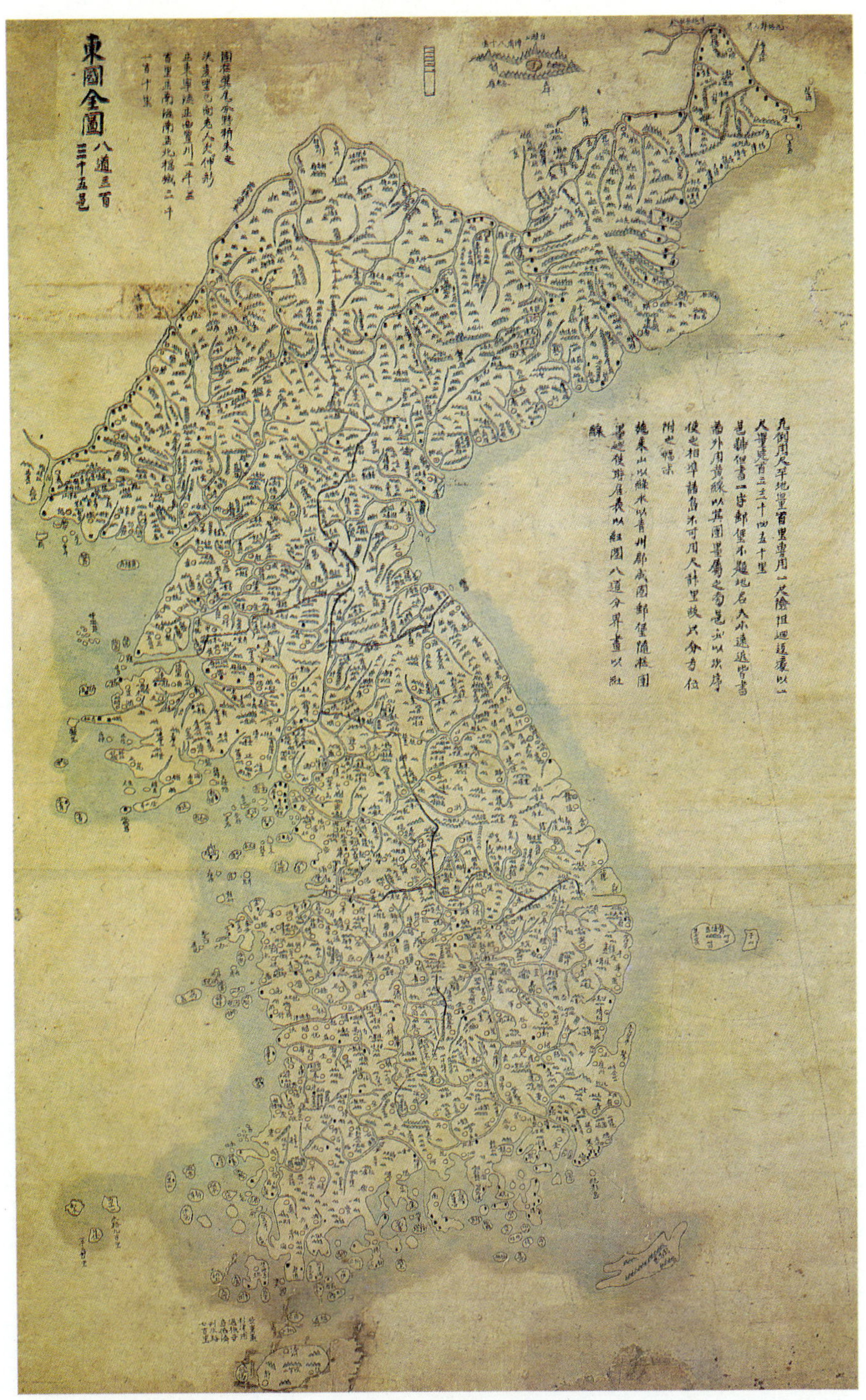

19세기 전기 정상기의 〈東國全圖〉.〈동국지도〉 안에 있는 이 지도에는 우산도의 정확한 위치는 물론, 조선국의 領海까지 색으로 표시해 독도가 명백한 우리 영토임을 나타내고 있다.(湖巖美術館 소장)

大日本
四国
九州
朝鮮国
満州
女鎮
朝鮮琉球蝦夷
カムサスカ、ラツコ嶋等数国
棒堠ノ形勢ニ見ル為ノ小図

←林子平의 〈三國接壤地圖〉. 일본인 실학자 林子平이 1785년 경에 쓴《三國通覽圖說》의 부속지도다. 이 지도는 조선은 황색, 일본은 녹색 등 나라별로 색깔을 다르게 칠하여 영토를 구분했는데, 울릉도와 독도는 황색으로 칠했을 뿐 아니라 '朝鮮ノ持ニ'(조선의 것으로)라고 기록하여 독도와 울릉도 모두 조선영토임을 명백히 나타내고 있다.

↑18세기 일본인의 〈總繪圖〉. 이 지도는 조선·일본·중국의 영토를 색깔로 구분했는데 조선은 황색, 일본은 적색으로 칠했다. 울릉도와 독도는 모두 조선의 색인 황색으로 칠했고 그 위에다 다시 '朝鮮ノ持ニ'(조선의 것으로)라고 문자를 써넣어서 독도와 울릉도가 모두 조선영토임을 표시하였다.

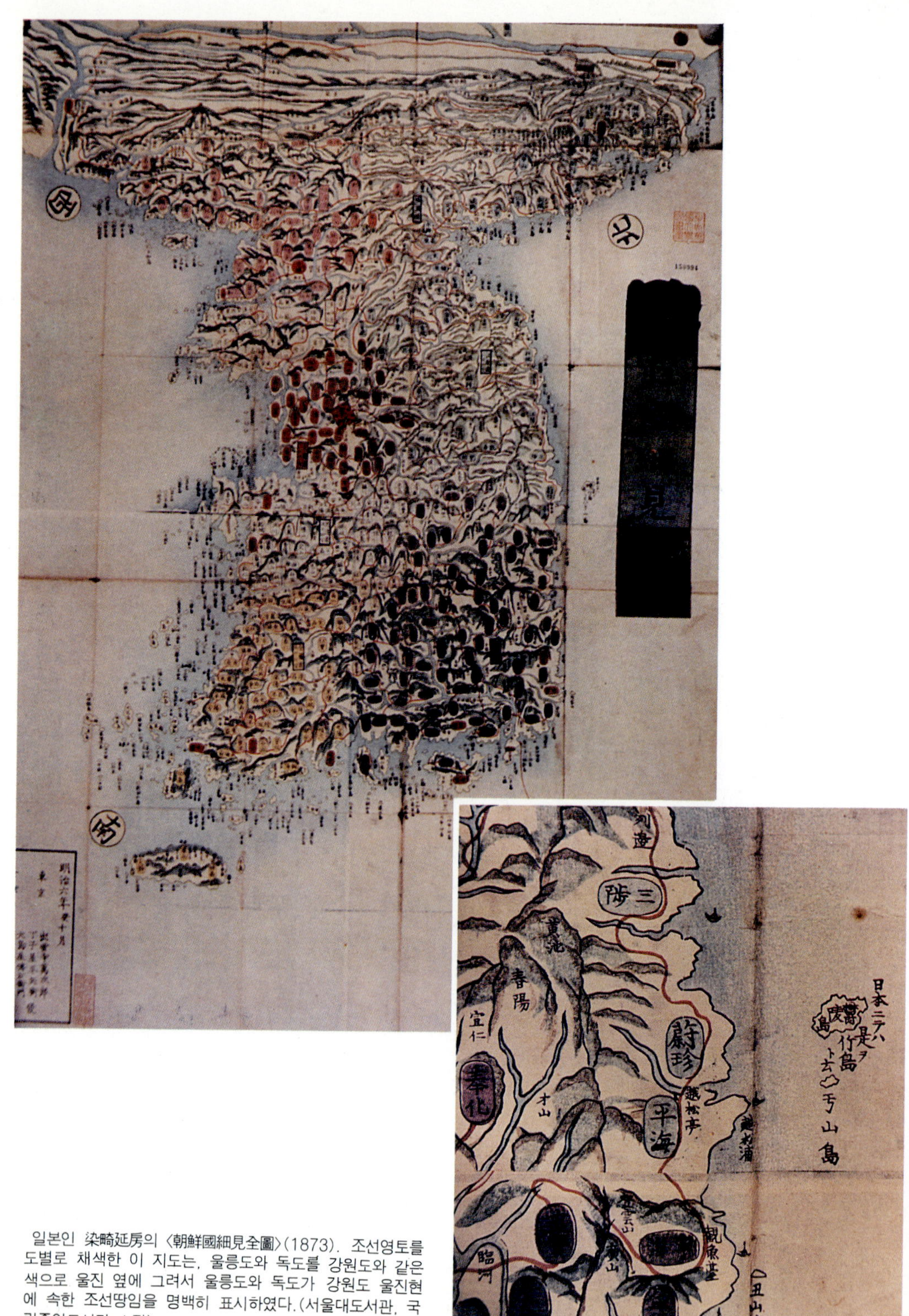

일본인 染崎延房의 〈朝鮮國細見全圖〉(1873). 조선영토를
도별로 채색한 이 지도는, 울릉도와 독도를 강원도와 같은
색으로 울진 옆에 그려서 울릉도와 독도가 강원도 울진현
에 속한 조선땅임을 명백히 표시하였다.(서울대도서관, 국
립중앙도서관 소장)

머리말

    한국과 일본 사이에는 1952년 이래 '독도 영유권 논쟁'이 계속되어 오고 있다. 일본 정부는 독도 영유권을 주장하면서 1954년 국제사법재판소에 이를 위탁 제소했으며, 기회만 있으면 독도를 침탈하려고 시도하고 있다. 따라서 이 논쟁은 앞으로도 상당기간 계속될 전망이다.

    저자는 한국 사회사와 민족 문제를 연구하는 과정에서 민족 문제 연구의 일환으로 한·일간의 '독도 영유권 논쟁'을 검토하게 되었다.

    학문은 진실과 진리를 밝히는 작업인데, 실증자료들을 정밀하게 조사해 보니, 독도는 한국 영토임이 진실이었다. 그럼에도 불구하고 일본 제국주의자들이 이 진실을 알면서 1905년 독도를 한국 몰래 빼앗아 일본 영토로 편입을 시도했고, 또 오늘날의 일본 정부가 이를 계승하여 독도 영유권을 주장하고 있는 것은 학문의 원리에 비추어서 부당한 것이며, 반드시 철저하게 비판되어야 할 것임을 절감하게 되었다.

이 책은 독도의 영유 문제를 실증적 자료에 기초하여 알기 쉽게 밝힌 책이다. 이 책에서는 그동안 저자가 수행한 실증적 연구에 기초하여 독도 영유의 역사적 전개과정을 밝히면서, 독도가 객관적으로 볼 때 왜 한국 영토이고, 왜 일본 영토일 수 없는가를 명료하게 증거자료를 들어 밝혀서, 일본 정부의 독도 영유권 주장의 허구성을 직접 간접적으로 총비판하였다.

이 책에서 본문 글을 알기 쉽게 쓰려고 노력하면서도 하단에는 학술논문처럼 각주를 붙인 것은 설명과 논증마다 반드시 증거자료의 제시가 필요했기 때문이다. 독도가 한국의 고유영토이고 일본의 독도 영유권 주장이 허구임을 밝히는 일은 주장으로서가 아니라 자료에 근거하여 명료하게 증명할 필요가 절실했던 것이다. 따라서 증거자료의 설명은 본문에서 하였지만, 그 자료 이름들은 모두 각주에 포함시켰다.

　저자는 또 이 책과 동시에 독도 영유 문제에 관한 극히 실증적인 전문연구서로서《독도의 민족영토사 연구》를 지식산업사에서 간행한다.

　상업성이 없는 이 책의 간행을 애국적 견지에서 맡아주신 지식산업사 김경희 사장님과 편집 교정에 정성을 기울여 주신 지식산업사 직원 여러분께 깊이 감사하는 바이다.

　이 책이 독도 영유 문제와 '독도 영유권 논쟁'에 관심을 가지신 모든 국민들께 조금이라도 참고가 되었으면 하는 마음 간절하다.

1996년 6월 30일

저 자　삼가 씀

♣ 차 례

머리말 · 9

제 1 장 총 설 – 독도 문제의 발단과 일본의 도전

1. 한국민족 독립주권의 상징, 보배로운 섬 독도 / 17
2. '독도 문제' 발생의 배경 / 19
3. 최근 일본의 새로운 도전 / 20

제 2 장 서기 512년 울릉도 · 독도의 한국 고유영토 편입

1. 울릉도와 독도의 신라영토 편입 / 25
2. 독도가 우산국 영토였다는 옛문헌 증거 / 27
3. 이름에 나타나는
　　　　독도가 우산국 영토였다는 증거 / 31

제 3 장 고려왕조의 울릉도 · 독도 영유와 통치

1. 5단계 울릉도 · 독도 통치 / 33
2. 11세기 일본문헌에 나타나는 울릉도와 독도 / 38

제 4 장 조선왕조의 울릉도·독도 영유와 통치

  1. 울릉도·독도 통치와 왜구 문제 / 41

  2. 태종의 울릉도 공도정책(空島政策) / 45

  3. 독도＝우산국 명칭의 재확립 / 47

  4. 세종과 그 이후의 울릉도·독도 통치정책 / 49

  5. 《세종실록》 지리지의 독도 영유 재확인 / 54

  6. 《동국여지승람》의 독도 영유 규정 / 57

  7. 임진왜란 직후 일본의 울릉도·독도 정책 / 63

  8. 일본 고문헌이 밝히는 '독도는 고려 영토' / 71

제 5 장 울릉도·독도 영토논쟁과 안용복의 활동

  1. 17세기 말 일본의 울릉도·독도 침탈 시도 / 73

  2. 온건대응파 조선 정부의 대응 / 76

  3. 강경대응파의 집권과 침략시도 격퇴 / 78

  4. 덕천막부 장군의 울릉도·독도＝조선 영토 재확인 / 81

  5. 안용복의 활동 / 83

  6. 17세기 말 울릉도·독도 영유권 논쟁의 종결 / 87

  7. 덕천막부시대 고지도의

          울릉도·독도 조선 영토 표시 / 88

제6장   일본 명치(明治) 정부의 독도 조선 영유 재확인

1. 일본 외무성과 태정관의
　　　　　　　독도 조선 영토 재확인 / 93
2. 일본 내무성의 독도 조선 영토 재확인 / 97
3. 일본 태정관의 독도 조선 영토 재확인 / 100
4. 일본 육군성과 해군성의
　　　　　　　독도 조선 영토 재확인 / 104

제7장   조선왕조의 공도정책 폐기와 울릉도 · 독도 재개척

1. 개항 직후 일본인들의 울릉도 · 독도 침입 / 109
2. 조선왕조의 공도정책 폐기 / 111
3. 조선왕조의 울릉도 · 독도 재개척 / 116

제8장   대한제국의 1900년 울릉도 · 독도 행정구역 개정

1. 울릉도의 일본인 침입 실태 공동조사 / 123
2. 1900년 대한제국 칙령 제41호와 울도군 설치 / 125
3. 독도의 표기 — 석도(石島)와 독도(獨島) / 129
4. 울도군의 발전 / 135

제 9 장 일본 해군의 독도 망루 설치계획과 독도 침탈

1. 일본의 러·일전쟁 도발과 한국주권 침탈정책 / 139
2. 일본 해군의 독도 망루 설치계획 / 142
3. 일본어업가의 독도 어업독점권 신청계획과
　　　　　　　　일본 정부의 계획 변경 요구 / 146
4. 일본의 독도 침탈과 도근현 고시 / 150
5. 일본의 독도 침탈 시도의 국제법상 불법성 / 154
6. 일본 해군의 독도 망루 설치와 철거 / 159

제10장 일제의 독도 침탈에 대한 대한제국의 항론

1. 일제의 독도 침탈 통보 시점과 방법 / 163
2. 울도 군수 심흥택의 항의 보고 / 166
3. 대한제국 내부대신의 항의 지령 / 167
4. 대한제국 의정부 참정대신의 항의 지령 / 168
5. 《대한매일신보》와 《황성신문》의 항의 / 171
6. 대한제국 지식인의 항의 / 172

제11장 일제하의 독도와 카이로선언·포츠담선언의 영토 조항

1. 일제하의 독도 / 175

2. 카이로선언의 영토 조항 / 180

3. 포츠담선언의 영토 조항 / 182

제12장 연합국 최고사령부 지령 제677호와 독도의 한국 반환

1. 연합국 최고사령부 지령 제677호의
　　　　　　　　'일본의 정의' / 185

2. 연합국 최고사령부에 의한 독도의 한국 반환 / 187

3. 연합국 최고사령부 지령의 수정 조건 / 188

4. 연합국 최고사령부 지령 제1033호의
　　　　　　　　독도의 한국 영토 재확인 / 190

제13장 맺음말 ― 독도 영유권 논쟁의 재개와 일본의 도전

1. 일본의 독도 영유권 논쟁 재개 / 195

2. 일본 정부의 독도 영유권 주장의
　　　　　　　　논거와 허구성 / 197

3. 한국 민족의 독립주권 수호 결의 / 200

참고문헌 · 202

찾아보기 · 210

제1장 총설
―독도 문제의 발단과 일본의 도전

1. 한국민족 독립주권의 상징, 보배로운 섬 독도

독도는 서기 512년부터 한국의 고유영토가 되어, 지금의 행정구역으로는 경상북도 울릉군(鬱陵郡) 남면(南面)에 소속되어 있다. 위치는 울릉도 동남쪽 49해리, 일본 은기도(隱岐島) 서북쪽 86해리의 동해 가운데에 있으며, 북위 37도 14분 18초와 동경 131도 52분 22초 지점에 있다.

또 독도는 동도(東島)와 서도(西島)라는 두 개의 바위섬과 그 주위에 흩어져 있는 작은 암초들로 구성되어 있다. 동도와 서도 사이의 거리는 약 200미터 가량 되고, 그 주변에 몇 개의 암초들이 분산되어 있는데, 동도의 동남쪽에는 상당히 크고 뾰족한 암초가 있어서 접근해서 보는 각도에 따라서는 마치 세 섬으로 구성되어 있는 것같이 보이기도 한다.

독도의 총면적은 18만 6,121평방미터(5만 6,301평 8홉)이고, 산꼭대기까지의 높이는 서도가 174미터, 동도가 99.4미터이다.

독도는 울릉도의 부속 섬으로서 울릉도를 빼면 동해 한가운데 위치하고 있는 유일한 섬이기 때문에, 암초를 서식지로 하는 어류들이 철따라 몰려들어 수산자원이 풍부하다. 또한 해저자원이 지하자원과 똑같이 개발되는 21세기 이후에는, 배타적 경제전관수역 지정으로 인해 독도를 기점으로 다른 나라 영해와 접속하는 반지름 200해리까지가 실질적 영해(領海)로 포함될 것이므로, 독도는 미래가 보장된 풍요로운 섬이라고 할 수 있다.

또한 독도는 울릉도와 한 단위로 묶여서 관광구역으로 개발되면 다른 곳에서는 볼 수 없는 매우 독특한 해양관광지로도 크게 각광을 받을 것이 틀림없다.

2. '독도 문제' 발생의 배경

일찍이 일본 제국주의자들은 1904년 2월 러·일전쟁을 일으킨 후, 러시아 군함들이 동해에서 활동하는 것을 감시하기 위해 군사적 목적에서 일본 해군 망루(望樓)를 설치하려고 1905년 2월 한국인들과 당시의 대한제국 정부 몰래 독도 침탈을 기도한 적이 있었다.

서기 512년부터 한국의 고유영토였던 독도를 주인 없는 땅이라고 부당하게 주장하면서, 1905년 2월, 독도를 일본 도근현(島根縣 ; 시마네현)에 이른바 '영토 편입'하였다는 것은 바로 이를 두고 하는 말이다.

1945년 8월 해방 후, 연합국 최고사령부는 지령(SCAPIN) 제677호 〈약간의 주변지역을 정치상·행정상 일본으로부터 분리하는 데 관한 각서〉에 의거하여 1946년 1월 29일 독도를 한국 영토로 반환하였다.

대한민국이 수립된 후 1952년 1월 18일, 대한민국 정부가 〈인접 해양의 주권에 관한 대통령 선언〉(통칭 '평화선 선포')을 발표하자, 일본 정부는 10일 뒤인 1월 28일 일본 외무성이 "……대한민국의 선언은 죽도(竹島 ; 다케시마, 독도의 일본 호칭)로 알려진 섬에 대해 영유권을 갖는 것처럼 보이나, 일본 정부는 대한민국의 그러한 주장을 인정하지 않는다"고 항의해 옴으로써 한국과 일본 사이에 '독도 영토논쟁'이 일어나게 되었다.[1]

그 후 일본 정부는 간헐적으로 독도를 일본 영토라고 주장하는 망언을 꾸준히 되풀이하였다. 그리고 해마다 한국의 독도 영유에 대한 항의문서를 공식적으로 대한민국 외무부에 보내어 뒷날 독도 침탈을 위한 자료로 축적해 왔다.

3. 최근 일본의 새로운 도전

1996년 유엔의 배타적 경제전관수역 200해리를 허용하는 신(新)해양법 발효시기에 맞추어, 일본 정부는 최근 독도에 대한 영유권 주장을 갑자기 강화하기 시작하였다. 이것은 일본의 신정부가 21세기 국제사회에서 팽창주의적 정책노선을 택하고 있는 것과 보조를 같이하는 것으로, 그들은 1905년 일본 제국주의의 독도에 대

---

1) 독도 영유권에 관한 한·일간의 외교 '분쟁'은 한국 영토임이 명백한 섬에 대한 외교문서와 연구논문들의 논쟁의 축적이기 때문에 '분쟁'은 지나친 용어라고 판단되므로 여기서는 '독도 영유권 분쟁' 대신에 '독도 영유권 논쟁'의 용어를 사용하기로 한다.

한 정책을 계승하여 1996년 이후 독도에 대한 신(新)제
국주의 외교를 실시하기 시작한 것이다.

　일본 외상 지전(池田 ; 이케다)은 1996년 2월 9일 "죽도
는 역사적으로나 국제법상으로나 일본의 고유영토이니,
한국은 죽도에 주둔한 경찰수비대를 즉각 철수시키고
부착한 시설물을 철거하라"고 대한민국과 전세계를 향
하여 주장하였다. 이것은 종래 일본 각료가 중의원(衆議
院) 등에서 도근현 출신 의원들의 질문에 대해 "죽도를
일본 영토로 간주한다"고 응답해 왔던 소극적 답변과는
그 강도에서 차이가 있다. 또한 일본 정부는 2월 9일
주일(駐日) 한국대사 대리를 외무성으로 불러 독도를 경
비하고 있는 한국 경찰수비대의 철수와 시설물의 철거
를 요구하였다. 또한 일본 정부는 1995년도에 문부성 검
인정의 초등학교와 중·고등학교용 지리부도에 울릉도
와 독도 사이의 바다에 반드시 일본 국경 표시를 넣도
록 하여, 올해부터 일본 학생들은 독도가 일본 국경 안
에 명백히 포함된 지리부도로 공부하게 되었다. 일본
학생들에게 독도 '침탈'이 '영토 수복'이라는 왜곡된 의
식을 심어주는 교육을 강화한 것이다.

　또한 일본 정부는 1996년 2월 20일 독도를 포함한 배
타적 경제전관수역 200해리를 선포하기로 의결하였다.

이제 그 기선(基線)을 어디로 잡을 것인가의 문제를 놓고 한국이 독도를 200해리 선포 기점으로 잡지 않으면 일본도 그렇게 할 용의를 시사하고 있다. 독도를 두 나라 모두의 경제전관수역 안에 포함시키거나, 한국이 독도를 기점으로 잡지 못하게 함으로써 독도에 대한 한국의 영토주권 행사에 흠집을 만들어 국제사회에서 독도를 '영토분쟁지'로 인정받으려는 속셈인 것이다.

현재까지 한국은 독도가 한국의 고유영토이므로 독도는 '영토분쟁지'가 아니며 영토분쟁 협상의 대상이 아니라는 입장을 굳게 지켜왔다.

지난 3월 2일 방콕에서 열린 1996년도 '아시아·유럽 정상회담'에서 한·일 정상회담이 열렸을 때, 한국 대통령은 독도가 한국 고유영토이므로 일본과 협상의 대상이 되지 않음을 명백히 한 데 대하여, 일본 수상도 죽도가 일본의 고유영토라는 원칙과 입장에는 조금도 변함이 없다고 응답하였다. 이와 거의 동시에 일본의 야당[新進黨] 의원 57명은 연명(連名)하여 "죽도는 역사적 사실에 비추어서나 국제법상으로나 일본의 고유영토로서 한국측이 죽도에 경찰을 주둔시키고 항만시설을 세우고 있는 것은 노골적인 침략 행위이다"는 성명서를 발표하여 일본 정부의 억지와 망발을 적극 지지 성원하였다.

 일본은 이제 한국의 고유영토인 독도를 적절한 기회에 침탈하기 위해 다단계 전략을 본격적으로 실천하기 시작한 것이다. 이에 맞서서 한국은 자기 주권의 일부인 고유영토를 지키고 훼손당하지 않게 하기 위하여 더욱 체계적인 연구와 적극적인 대응책을 마련해야만 한다.

제 2 장
서기 512년 울릉도·독도의 한국 고유영토 편입

1. 울릉도와 독도의 신라영토 편입

독도와 울릉도가 한국의 영토로 편입된 것은 멀리 삼국시대인 서기 512년에 우산국(于山國)이 신라에 복속되어 그 일부가 된 때부터이다. 《삼국사기》(三國史記) 신라본기(新羅本紀) 지증왕(智證王) 13년조에는 "이 해 여름 6월에 우산국이 항복해 왔다"고 다음과 같이 밝히고 있다.

13년 6월에 우산국(于山國)이 귀복(歸服)하고 해마다 토산물을 바치게 되었다. 우산국은 명주(溟州 ; 지금의

강릉—인용자)의 정동(正東)에 있는 바다 가운데의 섬
으로 혹은 울릉도라고도 이름하는데, 그 지방은 100리
로 사람들이 험한 것만 믿고 굴복하지 않으므로 이찬
(伊飡) 이사부(異斯夫)를 아슬라주(阿瑟羅州)의 군주로
삼아 이를 복속시키게 하였다.…… 우산국 사람들은 두
려워하여 곧 항복하였다.[1]

《삼국사기》 열전(列傳) 이사부조(異斯夫條)에서도 아슬
라주(阿瑟羅州)의 군주 이사부가 가야(加耶 ; 加羅)를 정
복한 후 이어서 13년에 우산국을 병합하려고 출전해서
우산국을 신라에 병합하였다고 기록하였다.[2]

우리가 여기서 명확히 알 수 있는 것은 512년에 신라
는 장군 이사부를 파견하여 우산국의 항복을 받고 신라
에 병합시켰다는 사실이다. 독도는 서기 512년 우산국
이 신라에 병합된 이때부터 한국 고유영토의 일부가 되
었다.

이제 여기서 명확히 밝혀져야 할 문제는 이때 신라에

---

1) 《三國史記》卷 4, 智證麻立干條. “十三年夏六月　于山國歸服　세이토宜
　　爲貢. 于山國在溟州正東海島　或名鬱陵島　地方一百里　恃險不服　伊飡異
　　斯夫　爲阿瑟羅州軍主　謂于山人愚悍　難以威來　可以計服　乃多造木偶獅
　　子　分載戰船　抵其國海岸　誑告曰　汝若不服　則放此猛獸踏殺之. 國人恐
　　懼則降.”
2) 《三國史記》卷 44 列傳 4, 異斯夫條 참조.

병합된 우산국이 울릉도만 포함되는지, 그 부속 도서인 독도까지 포함되는 것인지의 문제이다.

고대에는 육로보다 해상로가 훨씬 더 편리한 교통로였다. 그래서 해상에 있는 섬을 병합할 때는, 그 부속 도서를 묶어 형성되는 것이 거의 대부분의 경우이지만, 독도의 경우는 일본이 영토논쟁을 일으키고 있는 곳이므로 더욱 명료한 증거가 필요할 것이다.

2. 독도가 우산국 영토였다는 옛문헌 증거

512년에 신라에 병합된 우산국이 울릉도뿐만 아니라 독도도 포함하며, 독도가 우산국의 영토였음을 가장 먼저 명료하게 기록한 것은 《세종실록》 지리지(世宗實錄地理志 ; 1432년 편찬)이다. 여기서는 우산도(독도)와 무릉도(울릉도)라는 두 섬이 날씨가 청명하면 서로 가히 바라볼 수 있다고 하면서, 신라시대는 우산국이라 하였다고 기록되어 있다.

독도가 우산국 영토였음을 더욱 명료하게 증명하고 있는 문헌자료는 《만기요람》(萬機要覽) 군정편(軍政篇 ; 1808년 편찬)이다. 이 자료에서는 "〈여지지〉(輿地志)에 이르기를 울릉도와 우산도는 모두 우산국의 땅이며, 우

산도(于山島)는 왜인들이 말하는 송도(松島 ; 마츠시마)"라
고 하였다.[3]

즉 이 자료는 울릉도와 우산도가 '모두'(皆) 우산국 영
지(領地)임을 명백히 밝혔다. 만일 이 우산도가 오늘날
의 독도라면 독도도 우산국 영지였음이 자동적으로 밝
혀지는 것이다. 그런데 이 자료는 이어 우산도는 일본
인들이 말하는 송도라고 하였다. 1808년 당시에 일본인
들은 울릉도를 '죽도'(竹島 ; 다케시마)라고, 독도를 '송도'
라고 호칭하였는데, 이것은 일본의 독도 연구자들도 모
두 인정하는 것이다.

예컨대 일본에서 독도 연구를 가장 많이 해서 독도를
일본 영토라고 강력히 주장하고 있는 천상건삼(川上健
三 ; 가와가미) 씨는 일본의 전근대시대에는 독도가 송도
로 불렸음을 밝히고 강조하여 "이를 요약하면, 옛날 우
리나라(일본-인용자)에서 죽도라고 불리던 것은 울릉도
이며, 또한 송도라고 불리던 것은 오늘날의 죽도(竹島 ;
獨島-인용자)로서, 이 둘의 관계는 장기간 판연(判然)하
여 어떠한 의심점도 없었다"[4]고 명확히 설명하고 있다.

---

3)《萬機要覽》軍政篇. "輿地志云 鬱陵·于山皆于山國地. 于山則倭所謂
   松島也."
4) 川上健三,《松島の 歷史地理學的硏究》, 東京 : 古今書院, 1966, p. 49.

천상건삼은 거듭하여 "우리나라(일본-인용자)에서 옛날에 죽도 또는 기죽도(磯竹島 ; 이소다케시마)라고 호칭하던 것은 울릉도이며, 오늘날의 죽도(獨島-인용자)가 그 당시는 송도라고 하는 이름으로 알려져 있었던 것은 앞절에서 지적한 바대로다"[5]라고 명확히 밝히면서, 그 증거사료로 재등풍선(齋藤豊仙 ; 사이토)이 1667년에 편찬한 《은주시청합기》(隱州視聽合記) 등을 들었다.

여기서 우리는 '우산도=송도=독도'의 등식이 성립됨을 명료하게 알 수 있다. 이것을 위의 《만기요람》 군정편 기록에 대입하면 다음 등식이 성립한다.

우산국지 = 울릉도 + 우산도(= 독도 ; 일본명 송도)

즉 독도[우산도]는 울릉도와 함께 우산국 영토로서, 우산국이 512년에 신라에 병합될 때 독도도 울릉도와 함께 신라에 병합되어 신라의 영토로서 한국 고유영토의 일부로 편입된 것이었다.

이보다 약간 거슬러올라가는 자료로서 《숙종실록》(肅宗實錄)에는 일본인이 말하는 송도가 곧 우산도이며, 우산도는 오늘날의 독도를 가리킨다는 사실을 나타내는

---

5) 위의 책, p. 50.

기록이 있다.

1693년(숙종 19)에 안용복(安龍福)이 몇몇 뱃사람을 이끌고 울릉도에 갔더니 일본 배들이 다수 와서 울릉도를 정복하려 하여, 안용복이 외치기를 "울릉도는 본래 우리의 땅에 속하는데 왜인이 어찌 감히 국경을 넘어 침범하는가, 너희들은 묶어 마땅하다"고 하였다. 일본인들은 말하기를 "우리들은 본래 송도에 사는데 우연히 고기를 잡으러 나왔으니 이제 마땅히 돌아갈 것이다"라고 하였다. 안용복은 이에 "송도는 곧 자산도(子山島 ; 于山島의 誤植)인데 이 역시 우리의 땅이다. 어떻게 너희들이 감히 여기에 산다고 하느냐"(松島卽子山島 此亦我國地 汝敢住此島)[6]라고 꾸짖었다. 그리고 나서 이튿날 새벽 우산도에 들어가보니 일본인들이 가마솥을 걸고 물고기를 조리고 있어, 막대기로 이를 부수고 큰소리로 책망하여 일본인들이 모두 배를 타고 돌아갔다고 기록되어 있다. 여기서 자산도의 '자'(子)는 '우'(于)를 잘못 인쇄한 것이다. 《증보문헌비고》(增補文獻備考)에는 이 글자가 바로잡혀 있다.

이 기록도 우산도 = 송도(당시 일본 호칭) = 독도의 등식을 성립시킨다.

---

6) 《肅宗實錄》卷 30, 肅宗 22年 9月 戊寅條 참조.

《만기요람》 군정편의 내용은 《증보동국문헌비고》(增補東國文獻備考 ; 1792년 편찬)를 계승한 《증보문헌비고》(增補文獻備考 ; 1908년 간행)[7]에도 그대로 실려 있는데, "〈여지지〉에 이르기를 울릉과 우산은 모두 우산국지인데, 우산은 곧 왜가 말하는 송도이다"[8]라고 하여 독도[우산도]가 우산국의 영지였음을 밝히고 있다.

즉 이 자료에서도 거듭 우산국지＝울릉도＋우산도(獨島＝일본명 松島)라는 등식이 성립되어 독도가 일찍이 우산국 영토였음을 재확인할 수 있다.[9]

3. 이름에 나타나는 독도가 우산국 영토였다는 증거

다음으로 독도를 우산도라고 하여 '우산'이라는 나라 이름을 따서 부른 명칭 자체가 독도는 우산국 영토였음

---

7) 《皇城新聞》1903年 2月 26日자 〈雜報〉(文獻編輯)에서 알 수 있는 바와 같이 《增補文獻備考》는 1903년에 편집이 본격적으로 시작되어 1906년 이전에 편집이 완료된 방대한 규모의 官撰書인데, 그 사이 國權被奪이라는 國難으로 말미암아 인쇄가 늦어져서 1908년에야 간행되었다.

8) 《增補文獻備考》輿地考. "輿地志云 鬱陵·于山皆于山國地. 于山則倭所謂松島也."

9) 愼鏞廈, 〈韓國의 固有領土로서의 獨島領有에 대한 역사적 연구〉, 《韓國社會史研究會論文集》 제27집 ; 《한국의 전통사회와 신분구조》(문학과지성사, 1991) 참조.

을 증명해 준다는 사실에 주목할 필요가 있다. 본래 우산도는 기원적으로는 울릉도[本島]를 가리킨 명칭이겠지만, 이 본도가 울릉(鬱陵), 무릉(武陵), 무릉(茂陵), 울릉(蔚陵), 우릉(芋陵), 우릉(羽陵) 등의 명칭을 갖게 되자 그 부속 도서인 독도(물론 그 당시는 다른 명칭이었겠지만)가 우산도의 명칭을 갖게 된 것이 명백하다. 그러니 다른 이름이 아닌 '우산도'의 명칭을 가진 것은, 이 섬(독도)이 우산국의 부속 영토였음을 증명해 주는 것이라고 할 수 있다.

위에서 밝혀지는 바와 같이 독도는 일찍이 울릉도와 함께 우산국 영토였으며, 우산국이 512년에 신라와 병합될 때 그 일부인 독도도 신라에 병합되어 한국 영토가 되었다. 즉 독도는 512년부터 한국 고유영토의 일부가 되어 온 것이다.

제 3 장
고려왕조의 울릉도·독도 영유와 통치

1. 5단계 울릉도·독도 통치

통일신라를 계승하여 한반도에 새로운 왕조를 세운 고려왕조는 옛 왕조를 이어 원래의 우산국 영토인 독도와 울릉도를 영유하고 정치적 통치권을 행사하였다. 이것은 다음의 다섯 단계로 나누어 볼 수 있다.

제1단계는 고려 태조 왕건(王建)이 울릉도 사람들로부터 그들의 왕으로서의 알현(謁見)과 공물을 받고 울릉도 사절들에게 고려의 관직을 주어 고려왕조의 울릉도·독도에 대한 영유와 통치권을 재확인한 단계이다.

왕건이 918년에 고려를 건국하고 929년 12월에 고창

(지금의 경북 안동)전투에서 후백제의 견훤을 크게 격파하여 후삼국의 통일을 이루자, 울릉도 사람들은 930년(태조 13) 9월, 백길(白吉)과 토두(土豆)를 사절로 보내 태조를 알현하게 하였다. 태조는 백길에게는 정위(正位), 토두에게는 정조(正朝)의 관직을 주었다.[1]

이때 태조가 울릉도 대표들에게 관직을 준 것은 명백한 통치권 행사이다. 또한 이 시기에는 옛날 우산국 영토인 울릉도에 다수의 주민이 거주하였으므로 그들 역시 옛 우산국 영토인 독도에도 나아가 어로활동을 전개하였을 것임은 논란의 여지가 없다.

제2단계는 현종(顯宗 ; 재위 1009~1031년) 때에 울릉도 주민들이 여진족의 일파인 동북여진(東北女眞)의 침략을 받아, 농업이 피폐되고 피난민이 본토에 건너오자 고려 조정이 농기구를 보내는 등 대책을 강구하였던 시기이다.

울릉도·독도는 1018년(현종 9) 동북여진의 침략을 받아 농사를 지을 수 없는 상태가 되었으므로, 이 해 11월에 고려 조정에서는 이원구(李元龜)를 울릉도에 파견하여 농기구 등을 보냈다.[2] 또한 이듬해 7월에는 여진

---

1) 《高麗史》卷 1 世家, 太祖 13년 8월 丙午條 및 地理志 卷 58, 蔚珍縣
   條 참조.

족의 침략을 피하여 본토로 도망해 온 울릉도 피난민들을 모두 울릉도로 귀환하도록 명령하였고,[3] 3년 뒤인 1022년(현종 13) 7월에는 여진족의 노략을 피하여 본토로 피난 왔다가 아직도 귀환하지 않고, 남은 일부 우산국 사람들을 예주(禮州 ; 지금의 德原·元山)에 영구히 민호(民戶)로 편성해서 살도록 하고 식량을 조달해 주었다.[4]

제3단계는 덕종(德宗 ; 재위 1031~1034년) 때에 울릉도를 우릉성(羽陵城)이라고 하여 우릉성주(羽陵城主)를 두고 중앙 정부가 적극 지원하면서 방어능력을 키우려고 노력하던 단계이다.[5] 이 시기에는 이민족의 침략을 막기 위하여 울릉도를 요새화하려는 노력이 시도되었다.

제4단계는 인종(仁宗 ; 재위 1122~1146년) 때에 울릉도·독도를 중앙 정부에서 직접 관장하지 않고 지방관제(地方官制)에 편입시켜 명주도(溟州道 ; 지금의 강원도)에 속하게 편제하였던 시기이다.[6] 이 시기에는 동북

---

2) 《高麗史》卷 4 世家, 顯宗 9年 11月 丙寅條 참조.
3) 《高麗史》卷 4 世家, 顯宗 10年 7月 己卯條 참조.
4) 《高麗史》卷 4 世家, 顯宗 13年 7月 丙子條 참조.
5) 《高麗史》卷 5 世家, 德宗 元年 11月 丙子條 참조.
6) 《高麗史》卷 17 世家, 仁宗 19年 7月 己亥條 참조.

여진의 침략도 옛날 이야기가 되고, 그 이후 인구도 격
감하여 중앙 정부가 직접 행정에 관여할 필요를 절감하
지 않았으므로, 울릉도·독도를 강원도[명주도]에 편입
하였음은 충분히 이해할 수 있는 일이라 할 것이다.

  제5단계는 의종(毅宗 ; 재위 1146~1170년) 때부터 울
릉도에 백성들을 옮겨 살게 하는 정책, 즉 사민(徙民)정
책을 추구하던 단계이다. 의종은 1157년에 울릉도의 토
질이 비옥하여 옛날에 주현(州縣)을 둔 일도 있어 가히
백성들을 살게 할 수 있다는 말을 듣고, 사민정책을 실
시하려고 김유립(金柔立)을 파견하여 조사하게 하였다.
김유립의 실지조사 결과, 토지에 암석이 많아 다수 주
민의 거주가 어렵다는 보고를 받고 이를 중단한 일이
있다.[7] 그 후 무신정권시대에 최충헌(崔忠獻)이 동해안
의 군민들을 이주시켜 울릉도에 살도록 하였으나, 후에
여러 차례 풍랑으로 배가 뒤집혀 뱃사람들이 다수 사망
하는 일이 일어나자 사민정책을 중단하였다.[8]

  여기서 명확히 알 수 있는 것은, 고려왕조는 신라왕
조를 계승하여 우산국 영토인 울릉도와 독도를 영유

---

7)《高麗史》卷 18 世家, 毅宗 11年 5月 丙子條 참조.
8)《增補文獻備考》卷 31 輿地考 19, 蔚珍古縣浦·于山島·鬱陵島條 참
  조.

하고 통치하였으며, 1018년에 동북여진의 큰 침략을
받고 울릉도가 황폐해지자 이에 대한 매우 적극적인
통치대책을 강구하였다는 사실이다.[9] 동북여진의 침략
후 울릉도의 인구가 감소하자, 고려 후기에 중앙 정부
는 사민정책을 추진하였으나 별 성공을 거두지 못하
였다.

그러나 동해안 주민들의 자발적인 울릉도 이주를 고
려왕조의 관청이 금지한 것도 아니고 오히려 장려하는
편이었으므로, 원래 남아 있는 울릉도 도민(우산국 국민)
들과 자발적 이주민들에 의하여 고려 말기까지 일정 수
의 고려 국민이 울릉도에 거주하였다. 이들의 생업은
어업과 농업이었는데, 독도가 울릉도 어민들의 생활터
전의 일부였음은 논란의 여지가 없다.

이러한 상태에서 고려 말기(14세기 말엽)에 왜구(倭
寇 ; 일본 해적)가 창궐하여 고려의 동해안과 남해안, 중
국의 동·남해안이 노략질을 당하였는데, 그때 울릉도도
다시 피해를 입었다.

---

9) 申芝鉉, 〈獨島領有에   대한   一硏究〉, 《인천교육대학논문집》제22집
   (1988) 참조.

2. 11세기 일본문헌에 나타나는 울릉도와 독도

고려 중기부터는 일본측에서도 울릉도에 대한 기록이 나오기 시작하였다. 《권기》(權記)라는 자료에 의하면, 1004년(寬弘 원년)에 "고려의 번도(藩徒)인 울릉도 사람들이 표류해 왔다"(高麗藩徒 芋陵島人 漂至)[10]고 하였고, 또 이 표류해 온 울릉도인 11명을 돌려보내면서 "고려의 번도 가운데는 신라국 울릉도 사람들이 있다"(高麗藩徒之中 有新羅國迂陵島人)[11]고 하였다.

또한 이 자료는 같은 사실에 대하여 "신라 우루마도(島) 사람이 이르다. 우루마도는 곧 울릉도이다"(新羅宇流麻島人至 宇流麻島 卽芋陵島也)[12]고도 기록하였으며, 그 번역은 "신라 우루마의 도인(島人)이 와서"(しらきのうるまの島人きて)[13]라고 기록하였다.

여기서 흥미로운 것은 일본에서는 울릉도를 '우루마'

---

10) 《大日本史》卷 234 列傳 5, 高麗條 ; 川上健三, 《松島の 歷史地理學的 硏究》, 東京 : 古今書院, 1966, p. 70 참조.
11) 《大日本史》第 2 篇의 5, 寬弘 元年 3月 7日條 ; 川上健三, 위의 책, pp. 70~71 참조.
12) 《大日本史》卷 234 列傳 5, 高麗條 ; 川上健三, 위의 책, p. 70 참조.
13) 《大日本史》第 2 篇의 5, 寬弘 元年 3月 7日條 ; 川上健三, 위의 책, pp. 70~71 참조.

라고 호칭하였으며, 한자로는 우류마도(宇流麻島), 우릉
도(芋陵島), 우릉도(迂陵島) 등으로 표기하였다는 사실
이다.

이 기록은 고려왕조 목종(穆宗) 7년(1004)에 일어난 일
을 기록한 것인데, 울릉도인이 '고려의 번도'임을 명확
히 인지하고 있으며, 또 '신라우류마도인'(新羅宇流麻島
人)이라고 하여 울릉도인이 고려의 번도(藩徒)가 되기
이전에는 신라에 속하였음을 인지하고 있음을 나타내고
있다.

일본측의 울릉도에 관한 이 최초의 기록에는 독도에
관한 언급이 전혀 없으며, 우산국에 대한 언급도 없고,
오직 울릉도에 대한 언급뿐이다.

그러나 일본의 울릉도에 대한 이 《권기》의 최초 기록
은 울릉도가 신라에 속하였다가, 이어서 고려에 속하였
음을 명확히 기록하고 있기 때문에, 독도가 울릉도의
부속 도서이자 우산국 영토였으므로, 일본측의 이 자료
도 옛 우산국 땅(울릉도와 독도)이 신라에 뒤이어 고려
왕조의 통치를 받는 고려 영토임을 인지하고 있었던 기
록으로 간주될 수 있을 것이다.

<h1 style="text-align:center">제 4 장</h1>

<h2 style="text-align:center">조선왕조의 울릉도·독도 영유와 통치</h2>

1. 울릉도·독도 통치와 왜구 문제

고려왕조를 계승하여 한반도에 새로운 왕조를 세운 조선왕조는 역시 옛 왕조를 이어 본래의 우산국 영토인 울릉도와 독도를 영유하고 정치적 통치권을 행사하였다. 고려왕조 말기에서 조선왕조 초기에는 왜구(倭寇)가 창궐하여 중국 해안과 우리나라 해안에 침입해서 노략질을 자행하였을 뿐 아니라, 때로는 왜구들이 내륙 오지에까지 깊숙이 침입하여 살육과 노략질을 자행하였다.

이성계(李成桂)가 민족적 영웅으로 부상하여 1392년에 조선왕조를 개창할 수 있는 백성의 지지 기초를 만든 업적 가운데는 경상도 남부와 전라도 내륙 오지까지 침입한 왜구를 쳐부순 공로가 큰 비중을 차지하였다. 이때에 울릉도 역시 왜구의 침략을 받았음은 앞서 기술한 바와 같다.

조선왕조의 울릉도와 독도에 대한 정책은 왜구의 침입에 대한 경계대책과 직결되어 전개되었다.

조선왕조 제3대 임금 태종(太宗 ; 재위 1400~1418년)은 신(新)왕조 창립 직후 구(舊)왕조 세력과 대결하기에 힘이 벅찼던 시기에, 울릉도 주민이 왜구의 침략 위협 밑에 있는 것을 걱정하고 있었다. 이때 마침 강원도 감사가 울릉도 거주민을 육지로 나오게 하자고 요청하자 1403년(태종 3) 8월에 이를 허락하여 그렇게 하도록 명령하였다.[1]

일본측에서는 이 정보를 포착하였는지, 1407년(태종 7) 대마도주(對馬島主) 종정무(宗貞茂)가 평도전(平道全)을 조선 조정에 파견하여 토산물을 헌납하고 왜구들이 납치해 간 조선인 포로들을 송환함과 동시에, 울릉도에 대마도인(對馬島人)을 거주하게 해서 마을을 만들어 살게 하면서 대마도주인 그가 통솔할 수 있도록 허락해

---

1) 《太宗實錄》 太宗 3年 8月 丙辰條 참조.

줄 것을 청원하였다. 국왕 태종은 사람들은 자기 국경 안에서 거주하는 것이 지극히 당연한 일이고, 국경을 넘어오면 반드시 말썽이 생긴다고 하여 대마도주의 청원을 허락지 않았다.[2]

여기서 주목할 것은 태종이 옛날 우산국의 영토였던 울릉도에 대하여 국가 영토로서 국경의 개념을 갖고 통치권을 행사하고 있음과, 대마도주는 울릉도가 조선 영토임을 명확히 인지하고 존중해서, 조선 국왕 태종에게 울릉도에 대마도인의 이주와 부락 형성의 청원을 올렸다가 태종으로부터 거절당하였다는 사실이다. 이때 태종의 거절 이유가 "사람은 자기 국경내에 거주하는 것이 정상적이지 국경을 넘으면 말썽이 생긴다"고 하여 울릉도를 '국경 안'으로 정의하고, 대마도인이 울릉도에 오는 것을 '국경을 넘는 것'으로 처리하였음을 또한 주목할 필요가 있다.

물론 이때 울릉도만 언급되고 독도가 직접 언급된 것은 아니지만, 당시 독도는 바위섬으로서 사람의 거주가

---

2) 《太宗實錄》 太宗 7年 3月 庚午條. "對馬島守護宗貞茂 遣平道全 來獻土物 發還俘虜 貞茂請茂陵島 欲率其衆落徙居. 上曰 若許之 則日本國王 謂我爲招納叛人 無乃生隙歟. 南在對曰 倭俗叛則以徙他人 習以爲常 莫之能禁 誰敢出此計乎. 上曰 在其境內常事也 若越境而來 則必有辭矣" 참조.

불가능하였고, 한국이나 일본 모두 독도를 당연히 울릉도의 부속 도서로 간주고 있었기 때문에 울릉도에 대한 언급은 당연히 그 부속 도서인 독도를 포함한 것이었다고 볼 수 있다.

그 뒤에도 태종은 울릉도·독도에 대한 통치권을 행사하면서, 강원도 관찰사에게 명하여 울릉도의 실상을 알아보게 하였다.

1412년(태종 12)에는 강원도 관찰사의 보고가 올라왔는데, 유산국도인(流山國島人 ; 舊 우산국 사람) 백가물(白加勿) 등 12명이 강원도 고성(高城) 어라진(於羅津)에 배를 타고 들어왔는데, 자기들은 원래 울릉도에서 태어나 성장하였다고 말하였으며, 울릉도에는 조선인 11가구 60여 명이 현재 거주하고 있다고 말하였고, 강원도에서는 백가물 등이 울릉도로 다시 몰래 도망갈 것을 염려해서 통주(通州), 고성(高城), 간성(杆城)에 나누어 묵게 하였다고 보고하였다. 태종은 의정부에 유산국도인의 문제를 의논하여 처리하도록 명령하였고,[3] 이에 울릉도의 거주민 정책이 조정에서 논의 쟁점의 하나가 되었다.

---

3) 《太宗實錄》 太宗 12年 4月 己巳條 참조.

2. 태종의 울릉도 공도정책(空島政策)

조선왕조 제3대 임금 태종은 신하들과 울릉도 거주민에 대한 대책을 논의한 결과 1416~1417년(태종 16~17)에 울릉도에 백성이 살지 못하게 하는 울릉도 '공도정책'(空島政策)을 채택하였다. 태종의 울릉도 공도정책은 다음의 2단계를 거쳐 확정되었다.

제1단계는 1416년(태종 16) 9월 호조참판 박습(朴習)의 추천에 따라 전(前) 삼척만호(三陟萬戶) 김인우(金麟雨)의 의견을 물은 결과, 울릉도는 바다 가운데 멀리 떨어져 있는 섬이어서 사람들이 서로 통하지 못하므로 군역(軍役)을 피하려고 방지용(方之用)이란 자가 열다섯 가구를 인솔하여 들어가 살고 있는데, 울릉도에 사람이 많이 살게 되면 반드시 왜인이 쳐들어와 노략질을 할 것이고, 이로 인하여 왜인이 강원도에도 침입할 것이라고 하니, 태종이 이 의견을 채택하여 김인우를 무릉등처안무사(武陵等處按撫使)에 임명해서 병선 2척과 다수의 수행원과 함께 울릉도에 파견하여 울릉도 거주민과 그 대표자를 설득해서 데리고 돌아오도록 조치한 단계의 정책이다.[4]

여기서 주목할 것은 태종의 울릉도 공도정책의 동기
가 울릉도와 강원도 해안에 대한 왜구의 침입을 사전에
막으려는 것이었고, 본토 백성들이 울릉도에 이주한 동
기는 군역을 피하기 위함이었다는 사실이다.

안무사 김인우는 명령에 따라 울릉도에 들어가서 울
릉도에 조선인이 15가구 86명이 거주하고 있음을 조사
하고 확인하였으나, 데리고 돌아온 것은 겨우 3명뿐이
었다.[5]

이때의 사정을 보면, 울릉도 거주민의 절대 다수가
안무사를 따라 본토에 돌아갈 것을 거부하면서, 울릉
도 거주를 허가해 주도록 안무사가 도민 대표와 함께
국왕에게 청원해 줄 것을 요청한 것으로 보인다.

제2단계는 안무사 김인우가 울릉도로부터 돌아온 지
4일 뒤인 1417년 2월 9일에 열린 정부 대신회의 결과
태종이 울릉도 공도정책을 확정한 단계이다. 국왕은 김
인우가 울릉도로부터 귀환하자, 대신회의를 소집해서
울릉도 거주민들을 본토로 돌아오도록 할 것인지 말 것
인지를 논의하게 하였다.

이 대신회의에서는 두 개의 안이 토의되었는데, ①

---

4) 《太宗實錄》 太宗 16年 9月 庚寅條 참조.
5) 《太宗實錄》 太宗 17年 2月 壬戌條 참조.

울릉도 거주민을 강제로 나오도록 명령하지 말고 곡식과 농기구를 공급하여 평안히 농사를 짓도록 하고, 군대를 파견하여 그들을 보살피며 또 토산물의 공납 액수를 정하여 세금을 납부하게 하자는 다수 대신들의 안과, ② 공조판서 황희(黃喜)의 제안으로, 울릉도 거주민을 본토로 돌아오도록 하자는 안이었다.

국왕 태종이 여기서 쇄출(刷出)정책이 옳다는 황희의 안을 받아들여 울릉도 공도정책이 확정되었다.[6]

여기서 태종이 황희의 안을 채택한 이유는, 울릉도 거주민에게 농사를 짓게 허락하면서 세금을 토산물로 정하여 납부하게 하고, 군대를 파견하여 주민들과 함께 섬을 지키게 해 보았자 주민들이 군대를 싫어하여 오래 주둔시킬 수 없게 될 것이기 때문이라고 《태종실록》(太宗實錄)에 설명되어 있다.

3. 독도＝우산도 명칭의 재확립

태종이 울릉도 공도정책을 확정하는 도중에 울릉도 이외에 또 하나의 작은 섬(독도)이 있음이 재확인되었

---

6) 《太宗實錄》 太宗 17年 2月 乙丑條 참조.

다. 이로써 이 섬은 '우산도'(于山島)라는 공식 명칭을 갖게 되었다.

즉 호조판서 박습이 1416년 9월 김인우를 추천하면서 자기가 강원도 관찰사 시절에 들은 이야기로 "울릉도의 둘레는 7식(息)이 되며 그 옆에 작은 섬이 있다"[7]고 하여 자기가 이름을 모르는 또 하나의 섬의 존재를 국왕에게 보고하였다. 그 직후 국왕은 김인우를 '무릉등처안무사'(武陵等處按撫使)로 임명하였는데, 그 직책을 '무릉도안무사'(武陵島按撫使)로 하지 않고 '등처'를 붙여서 '무릉등처안무사'로 한 것은 이 작은 섬을 의식한 것이었다고 볼 수 있다.

그런데 김인우가 1차로 울릉도를 다녀온 직후의 조정 회의에서는 태종이 '무릉등처'라는 용어를 사용하지 않고, 그 대신 '우산·무릉', '우산·무릉등처'라는 용어를 사용하였다. 이것은 김인우가 무릉등처안무사가 되어 1417년 울릉도에 들어갔을 때 울릉도 옆의 '작은 섬'이 울릉도 거주민의 증언에 의해 '우산도'로 확인되어서 조정에 보고하였기 때문에 나온 결과임을 추정하기는 전혀 어려운 일이 아니다.

즉 김인우는 울릉도에 가서 우산도[독도]라는 이 작은

---

7) 《太宗實錄》 太宗 16年 9月 庚寅條 참조.

섬에 직접 가보지는 못하였지만 어로활동으로 우산도[독도]를 다녀온 울릉도 거주민으로부터 울릉도 옆에 작은 섬이 하나 있어 우산도라고 불리고 있음을 울릉도 현장에서 울릉도 거주민의 증언으로 조사 확인하고 돌아와 보고한 것이었다.

그러므로 울릉도 옆 작은 섬인 오늘날의 독도가 조선 조정으로부터 '우산도'라는 공식 명칭을 확정받아 사용된 것은 태종 17년(1417)부터라고 할 수 있다.

안무사 김인우는 그 후 태종의 명에 의해 2차로 울릉도에 들어가서 울릉도 거주민을 모두 데리고 돌아왔다. 조선 조정은 이들을 각지에 분산시켜 본토에 정착하게 하였다.[8]

4. 세종과 그 이후의 울릉도·독도 통치정책

태종의 뒤를 이은 세종(世宗)은 아버지 태종의 울릉도 공도정책을 답습하여 실행하였다.

그러나 봉건적 착취 밑에서 백성들이 토지를 잃고 떠돌아다닐 처지에 있는 경우에, 조정이 울릉도에 공도정

---

8) 《世宗實錄》卷 3, 世宗 元年 4月 乙亥朔條 참조.

책을 실시한다고 해서 백성들이 울릉도에 들어가 농사를 짓고 어업을 하며 생업을 유지하려 하지 않을 리가 없었다. 1423년(세종 5) 8월에, 이전에 울릉도에서 돌아온 백성 가운데서 28명이 조정 몰래 다시 울릉도로 들어갔다. 세종은 1425년(세종 7) 8월 김인우를 다시 '우산·무릉등처안무사'에 임명하여, "계묘년에 김을지(金乙之) 등 남녀 모두 28명이 다시 본도(本島)에 몰래 도망하여 들어갔으니"[9] 군인을 인솔하여 들어가 다시 데리고 오도록 하였다.

이것을 기록한 《세종실록》 세종 7년 8월 갑술조(甲戌條)의 기사에서는 특히 주목해야 할 두 가지 사실이 있다.

그 하나는 세종이 김인우를 태종처럼 '무릉등처안무사'로 임명한 것이 아니라, 이번에는 '우산·무릉등처안무사'로 임명하였다는 사실이다. 이것은 무릉도[울릉도]와 함께 우산도[독도]가 김인우가 안무해야 할 행정관리지역 안에서 관직 명칭으로도 부각된 것이다.

다른 하나는 이 기록이 무릉도[울릉도]를 두 번이나 '본도'(本島)로 기록하고 있다는 사실이다. 이것은 세종과 이 사항의 관련자들이 모두 울릉도를 본도로, 우산

---

9) 《世宗實錄》卷 3, 世宗 7年 8月 甲戌條 참조.

도[독도]를 그에 속한 섬으로 알고 있었음을 잘 나타내 주는 것이다.

즉 세종과 신하들은 이때에 울릉도와 그 속도(屬島)로서 우산도가 있다는 것을 명확히 재확인하고, 파견하는 관리의 관직이름부터 '우산무릉등처안무사'로 명명하였으며, 무릉도[울릉도]를 본도로 보고 우산도[독도]를 그에 부속하는 섬으로 구분하여 보았음을 여기서 알 수 있다.

이것은 조선왕조가 건국 초기에 울릉도와 우산도[본도]를 영유하였으며, 조선왕조의 통치권·지배권을 행사하여 이 두 섬을 살피는 활동을 하였음을 문헌상으로도 잘 증명해 주는 것이다.

이에 '우산무릉등처안무사' 김인우는 병선 2척을 이끌고 울릉도[본도]에 들어가서 주민 20명을 데리고 돌아왔다.

이때에 예조참판이 임금께 이번에 잡아온 도민들에게 죄를 주어 처벌하자고 청하니 "임금께서 가로되 이 사람들은 다른 나라에 몰래 따라들어간 것이 아니며, 또 전에 범한 바를 용서해 준 일도 있으니 죄를 주는 것은 불가하다고 하였다. 임금은 이어 병조에 명해서 이들을 충청도의 먼 산골 군(郡)에 두어서 다시는 도망하지 못하도록 하고, 3년 이내에 복호(復戶)시키도록 하였다"[10]
고 기록되어 있다.

《세종실록》세종 7년 10월 을유조(乙酉條)의 이 기록에
서 특히 주목할 것은 '우산무릉등처안무사'가 다시 데리
고 들어온 도민들을 예조참판이 죄를 주자고 청한 데
대하여 세종이 "이 사람들은 '다른 나라'에 몰래 따라들
어간 것이 아니다"(此人非潛從他國)고 대답하였다는 사실
이다.

즉 '우산·무릉등처'가 '다른 나라가 아니라' 우리나라
[朝鮮]이므로 여기에 몰래 들어간 것에 죄를 줄 필요까
지는 없다고 말하였던 것이다. 이것은 조선 국왕 세종
이 우산도와 무릉도를 타국의 영토가 아니라, 조선[我
國]의 영토라고 명백히 천명한 내용을 포함하고 있음을
주목할 필요가 있다.

이를 다시 정리하면,《세종실록》의 세종 7년(1425) 8
월 갑술조와 10월 을유조의 위의 두 기록은 독도의 영
유권 문제에 관련한 또 하나의 결정적으로 중요한 자료
이다. 왜냐하면 ① 조선국왕(세종)이 '우산무릉등처안무
사'라는 관리를 임명하여 우산도[독도]와 무릉도[울릉도]
에 실제로 영유권·통치권을 행사하였고, ② 우산도와

___

10)《世宗實錄》卷 30, 世宗 7年 10月 乙酉條 참조.

무릉도 가운데 무릉도가 본도(本島)라고(따라서 우산도를
屬島라고) 구분하였으며, ③ 우산도와 무릉도는 다른 나
라가 아니라고(즉 조선의 영토라고) 천명한 사실을 기록
하고 있기 때문이다.

　세종은 무릉도[울릉도]와 우산도[독도]가 조선 영토임
을 더욱 명확히 밝히면서도 부왕 태종의 울릉도 공도정
책은 여전히 집요하게 답습하였다. 그 후 백성들이 다
시 울릉도에 들어가 거주하자 세종은 1438년(세종 20) 4
월에 남회(南薈)와 조민(曺敏)을 무릉도순심경차관(武陵
島巡審敬差官)에 임명하여 울릉도에 다시 들어간 사람들
을 수색해서 잡아오게 하였다.[11] 남회 등은 이에 7월에
울릉도에서 66명을 데리고 들어오고 울릉도에서 산출되
는 특산물들을 갖고 돌아와 보고를 올렸다.[12]

　여기서 특히 주의해야 할 것은 조선 조정이 울릉도
공도정책을 실시한 것이 결코 울릉도를 영토로서 포기
하거나 방기한 것이 아니었다는 사실이다. 단지 왜구의
침략에 대해 백성의 피해를 미리 방지하고, 군역을 피
하여 도망하는 백성을 방지하려는 정책 때문에 공도정
책을 취하였던 것뿐이다. 즉 공도정책도 당시의 영토

---

11)《世宗實錄》卷 81, 世宗 20年 4月 甲戌條 참조.
12)《世宗實錄》卷 82, 世宗 20年 7月 戊戌條 참조.

관리정책의 일종이었다.

우산도[독도]는 당시 사람이 살 수 없는 바위섬이었고, 울릉도 어민들이 고기잡이 활동중에 들르는 섬이었으므로 조선 조정이 울릉도 공도정책을 실시하였다는 것은 당연히 우산도[독도] 공도정책도 함께 실시하였다는 것을 의미하는 것이다.

5.《세종실록》지리지의 독도 영유 재확인

조선 국왕 세종은 독도와 울릉도의 공도정책을 실시하면서도 독도와 울릉도가 조선 영토라는 사실을 더욱 명료하게 규정해 두었다. 그 중요한 기록이 《세종실록》 지리지(1432년 및 1454년 편찬) 강원도 울진현조의 다음과 같은 기록이다.

> 우산(于山)과 무릉(武陵)의 두 섬이 현(울진현―인용자) 정동(正東)의 바다 가운데 있다. 두 섬은 서로 거리가 멀지 아니하여 날씨가 청명하면 가히 바라볼 수 있다. 신라시대에는 우산국(于山國)이라고 칭하였다. 또 한편으로는 울릉도라고도 한다. 지(地)의 방(方)은 100리이다.[13]

여기서 주목할 것은 《세종실록》 지리지가 세종의 통치영토, 즉 조선왕조의 영토에 대한 지지(地志)라는 사실이다. 이 지지는 우산도와 무릉도 2개의 섬이 모두 조선 영토임을 논쟁의 여지 없이 잘 증명해 준다.

그리고 무릉도가 울릉도임은 세종 7년(1425)의 거주민 강제 이출 기록에서도 명료하다.

그러면 여기에 기록된 우산도가 지금의 독도라고 단정적으로 판단하는 근거는 무엇인가? 울릉도 주변에 있는 몇 개의 작은 바위섬들(예 : 三仙岩 · 觀音島 · 竹嶼)은 울릉도 해안 바로 옆 매우 가까운 거리에 있으므로 언제나 잘 보이고, 청명한 날이면 울릉도에서 겨우 볼 수 있는 섬은 독도밖에 없다. 섬이 매우 드문(거의 없는) 동해의 특징 때문에 이 기록만으로도 우산도가 오늘의 독도임이 명백하게 밝혀진다.

이 위에 《만기요람》 군정편과 《숙종실록》, 《증보문헌비고》가 우산도를 왜인들이 말하는 송도(독도의 당시 일본 호칭—저자)라고 교차시켜 밝혀 기록하고 있으니, 우산도가 오늘날의 독도임은 너무나 명백하다.

---

13) 《世宗實錄》 卷 153 地理志, 江原道 蔚珍縣條. "于山 · 武陵二島 在縣正東海中二島相距不遠 風日淸明 則可望見. 新羅時稱于山國 一云鬱陵島 地方百里."

여기서 덧붙여두고 싶은 사실은 성종(成宗 ; 재위 1469
~1494년) 때에 독도가 한때 삼봉도(三峰島)라는 명칭을
가졌다는 것이다. 성종은 원년(1470) 12월에 영안도(永安
道 ; 지금의 함경도) 관찰사의 보고에서 부역을 피하고자
하는 백성들이 삼봉도로 들어가려는 해악이 심한데, 뱃
길이 사나워서 추적할 수 없다는 보고를 받고, 마땅히
상세한 것을 조사해서 추적하라고 서면으로 명령하였
다.[14]

성종은 동해에 우산도[독도]와 무릉도[울릉도]가 있다
는 것은 알고 있었으나 삼봉도가 있다는 것은 처음 들
었으므로, 부역 도피자가 아니라 삼봉도에 큰 관심을
갖고 영안도 관찰사에게 명하여 삼봉도를 조사하도록
몇 차례 명령하였다. 영안도 관찰사가 파견한 조사단
가운데서 1476년(성종 7) 9월 김자주(金自周) 일행이 조
사한 삼봉도는 그 조사 보고의 다음 내용으로 볼 때 오
늘날의 독도[우산도]를 조사한 것이었다.

25일에 섬으로부터 서쪽으로 약 7, 8리 되는 곳에 도
착하여 정박해서 바라본즉, 섬의 북쪽에 삼석(三石)이
열립(列立)하였고, 다음에 소도(小島)가 있으며, 다음에

암석(岩石)이 열립하였고, 다음에 중도(中島)가 있었다. 중도의 서쪽에 또 소도가 있는데 모두 해수(海水)가 유통(流通)하며, 또한 해도(海島) 사이에 사람 형태 같은 것이 서 있는 것이 30이 되었으므로 두려운 마음이 생겨 섬에 대지 못하였다. 도형(島形)을 그려가지고 돌아왔다.[15]

이때 김자주 일행이 그려 온 삼봉도의 도형은 지금은 전해지지 않으나《성종실록》의 위의 보고에 따르면, 삼봉도 묘사는 지금의 독도[우산도]의 형태를 그대로 묘사하고 있어서, 김자주 등이 조사한 삼봉도가 오늘날의 독도임을 잘 나타내 주고 있다.

삼봉도의 이름은 함경도 지방의 민간에서 불리던 호칭이었고, 중앙 조정에서는 이 섬의 이름이 태종 때부터 우산도로 고착되어 호칭되고 있었으므로, 성종이 서거한 이후에 이 섬의 이름은 다시 우산도로 불렸다.

6. 《동국여지승람》의 독도 영유 규정

이어 조선왕조는 오랜 기간의 편찬작업 끝에 1481년

---

15)《成宗實錄》卷 72, 成宗 7年 10月 丁酉條 참조.

(성종 12) 《동국여지승람》(東國輿地勝覽)을 편찬하였고, 1531년(중종 26)에 《신증동국여지승람》(新增東國輿地勝覽)을 편찬하였다. 전자는 전해오는 책이 없어 그 내용을 알 길이 없고, 후자에는 울진현조에 "우산도와 울릉도는 무릉이라고도 하고 우릉이라고도 한다. 이도(二島)는 현(縣)의 정동(正東)의 바다 가운데 있다"[16]고 하여 우산도[독도]와 울릉도가 별개의 두 개의 섬이며 울진현 동쪽의 바다 가운데 있다고 규정하고 그 지형을 설명하였다.

여기서 주목할 것은 《신증동국여지승람》의 성격이다. 이 책은 단순한 관찬 지리서가 아니라 조선왕조 정부의 '조선 영토·지리해설서'이다. 조선왕조는 이 책에서 그가 통치하는 영토에 대한 지리의 해설을 정리하여 편찬해서 세상에 널리 알림으로써 그의 통치영토를 명확하게 규정하고 해설하였던 것이다.

이 책에서 우산도와 울릉도가 울진현조에 실려 있는 것은 이 두 개의 섬이 행정구역으로는 강원도 울진현에 속하는 조선왕조의 영토임을 명확히 규정하여 천명한 것이고, 또 이 사실을 논란의 여지 없이 명백하게 증명한 것이다.

---

16) 《新增東國輿地勝覽》卷 45, 蔚珍縣條 참조.

또한 우리가 여기서 주목해야 할 것은 《신증동국여지
승람》이 부속지도를 제작하여 붙였는데, 이 책의 〈팔도
총도〉(八道總圖)와 도별도(道別道 ; 江原道地圖, 1481년 제
작)에는 모두 울릉도와 우산도[독도]를 별개의 두 섬으
로 동해 가운데에 그려서 조선 영토로 표시하였다는 사
실이다. 단지 우산도의 위치가 울릉도의 서쪽에 부정확
하게 그려져 있을 뿐이다. 그러나 우산도와 울릉도가
완전히 별개의 두 섬이고 조선 영토임은 거듭 명확하게
증명되는 것이다.

일본 정부는 한·일간의 독도 논쟁에서《신증동국여
지승람》의 〈팔도총도〉와 〈강원도지도〉에서 우산도가 울
릉도와 조선 본토의 중간에 크게 그려져 있기 때문에,
여기에 기록된 우산도는 실재하지 않는 가공의 섬이며,
우산도가 현재의 독도(현재의 일본 호칭 竹島)라는 것을
증명하는 자료는 전혀 되지 않는다고 최후까지 주장하
고 있다.[17] 일본 정부는 이 논리를 한층 확대하여《세종
실록》지리지에 기록되어 있는 우산도·무릉도 기사의
우산도도 오늘날의 독도를 가리키는 것이 아니라고

---

17) 〈往復文書, 1962년 7월 13일자 日本側 口述書(No. 228/ASN) ; 日
本政府見解(4)〉, 《獨島關係資料集 — 往復外交文書(1952~1976)》(이
하 《資料集》이라 함), pp. 234~270 참조.

주장하고 있다.

그러나 일본 정부의 이러한 주장은 전적으로 잘못된 억지라고 할 수밖에 없다. 한국의 고지도(古地圖) 가운데는 우산도를 울릉도의 동쪽·서쪽·남쪽 등 여러 방향에 그린 지도가 많이 있다.[18] 우산도의 위치를 사실과 달리 울릉도 서쪽 조선 동해안 본토에 더 가까이 그린 것은 지도를 그린 문관들의 지리 지식의 부족을 나타낸 것이 틀림없다. 그러나 지도 제작술과는 별도로 우산도[독도]의 영유 문제만을 보면, 우산도와 울릉도를 별개의 섬으로 〈팔도총도〉 등 고지도 안에 포함하여 그려넣은 것은 모두 우산도가 한국 영토임을 강하게 증명하는 것이다.

당시 지도를 제작한 문관들은 지리학적 지식이 부족한 상태에서 우산도를 직접 답사한 것이 아니라 과거의 기록과 보고에 의거하여 무인암도(無人岩島)를 그려 넣은 것이기 때문에, 정확한 위치에다 우산도를 그려 넣지 못하고 우산도를 울릉도보다도 더 본토 가까이 그려 넣은 지도가 되었던 것이다. 그러나 지리학 지식을 별도로 하고서 영유 문제를 중심으로 보면, 울릉도보다

---

18) 李 燦, 〈韓國古地圖에서 본 獨島〉, 한국사학회 편, 《鬱陵島·獨島
學術調查研究》(1978) 참조.

우산도를 더 본토 가까이 그려 넣은 것은 우산도[독도]
에 대한 매우 강렬한 영유의식, 국가의 영유의사를 나
타낸 것이며, 그들은 우산도[독도]를 울릉도와 동일하게
또는 그 이상으로 강렬하게 조선 영토임을 선언하고 있
는 것이라고 볼 수 있다.

　일본 정부는 우산도를 지금의 독도라고 볼 수 있는가
하는 데까지 의심하고 있으나, 이것은 간단히 해결될
수 있다. 다행히 동해 가운데에는 지도에 오를 수 있는
섬이 단 두 개밖에 없다는 지리적 특성이 있으며, 그
두 개의 섬으로는 울릉도와 독도 이외에는 없기 때문
이다. 그리고 무엇보다도 정상기(鄭尙驥 ; 1678~1752)
의 〈동국지도〉(東國地圖), 1822년의 〈해좌전도〉(海左全
圖),[19] 1846년에 제작된 김대건(金大建)의 〈조선전도〉
(朝鮮全圖)를 비롯해서 그 뒤 발전된 다수의 고지도들이
우산도를 정확하게 울릉도의 동쪽, 지금의 독도의 위치
에다 그려 넣어, 우산도가 곧 독도임을 다시 한번 증명
해 주기 때문이다.

　여기에다 독도의 당시 일본 호칭인 송도(松島 ; 마츠시
마)라는 이름이 나오는 문헌들을 교차시켜 보면, 《만
기요람》 군정편, 《숙종실록》, 《증보문헌비고》 등이 "우

------

19) 위의 글 참조.

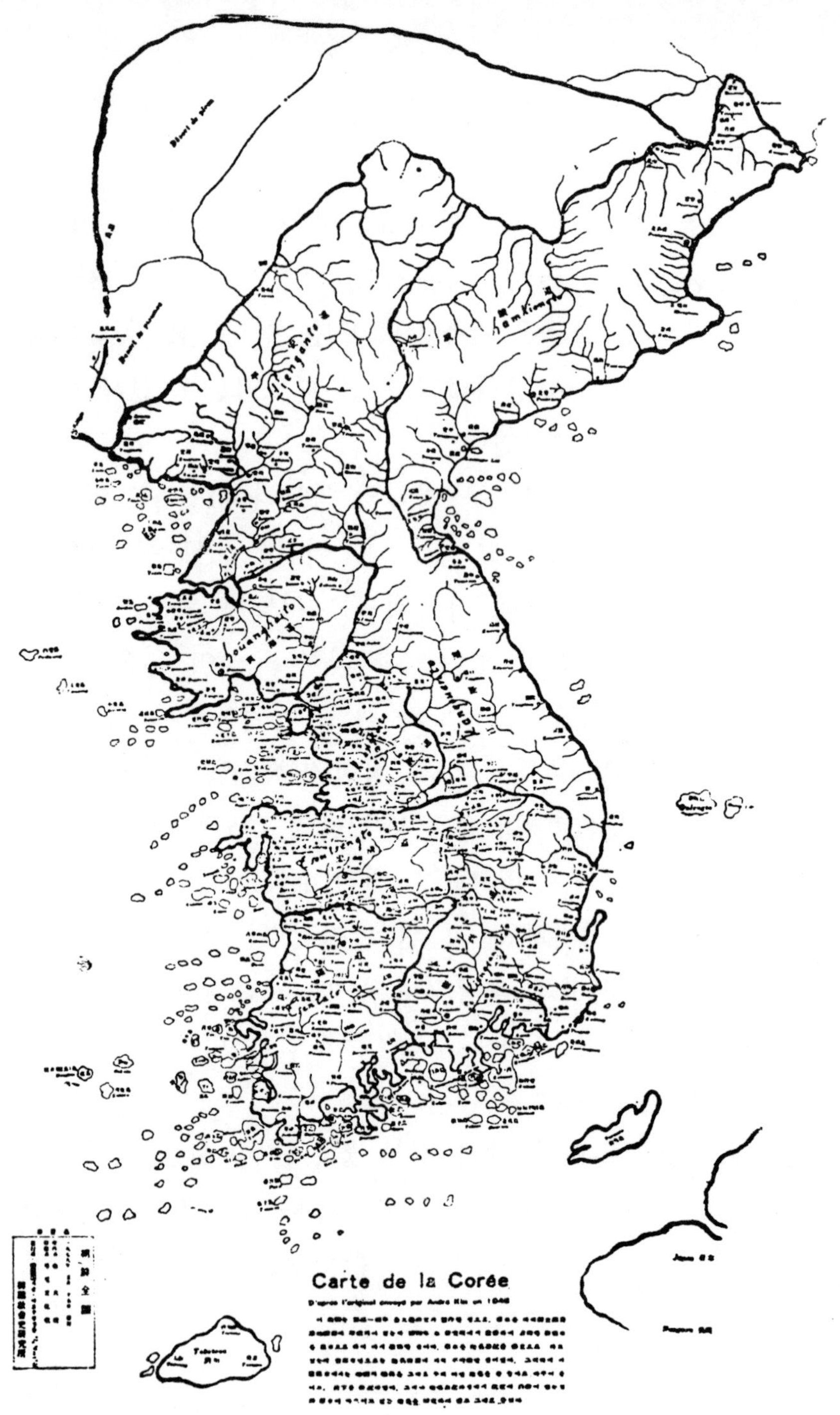

김대건의 〈朝鮮全圖〉(1846). 독도(우산도)를 울릉도 동쪽의 정확한 위치에 그렸고, 'Ousan'이라고 한국 말 명칭을 프랑스 문자로 표기하여 조선영토임을 표시하였다.(프랑스 파리 국립도서관 소장)

산도와 울릉도는 모두 옛날 우산국의 영토인데 우산도
는 곧 왜인이 말하는 송도"라고 해, 우산도가 곧 오늘
의 독도(당시의 일본 호칭 松島)임을 명료하게 증명해 주
고 있다.

7. 임진왜란 직후 일본의 울릉도·독도 정책

조선왕조의 영토인 울릉도와 우산도[독도]는 임진왜란
(1592~1597) 기간에 일본군에게 점령되어 노략질을 당
하였다. 이수광(李睟光)의 《지봉유설》(芝峰類說)은 이 시
기에 울릉도가 왜구에게 침략당한 사정을 다음과 같이
단편적으로 알려주고 있다.

울릉도는 일명 무릉(武陵), 일명 우릉(羽陵)으로 동해
가운데 있어 울진현과 상대하고 있으며, 섬 가운데 큰
산이 있고 토지의 방(方)은 100리이다.……임진왜란 후
사람들이 들어가 본 일이 있으나 역시 왜의 분탕질을
당하여 다시 정착하지 못하였다. 근자에 들으니 왜노
(倭奴)가 기죽도(磯竹島)를 점거하였다고 하는데, 기죽
도(磯竹島)라고 혹 말하는 것은 곧 울릉도이다.[20]

---

20) 李睟光,《芝峰類說》卷 2 地理部, '島'의 鬱陵島條 참조.

임진왜란 시기에 조선 조정은 부산에 상륙한 일본군이 서울을 점령하고 함경도까지 침입해도 막지 못하는 형편이었으니, 동해 가운데 있는 울릉도·독도를 방어할 수 있는 능력은 전혀 없었다. 이때 울릉도를 침략한 일본군이 그 길목에 있는 독도를 침략하여 경유하였을 것임은 물론 추정할 수 있는 일이다.

임진왜란이 일단락 종결된 직후에도 조선 정부의 통치력과 방어력은 극도로 약화되어 울릉도에 들어가는 조선인들을 보호할 능력이 없었다. 따라서 동해안의 조선인들이나 이전의 울릉도 거주민들이 들어가 정착하는 것은 불가능하였으며, 일부 울릉도에 들어가 정착을 시도한 입도민(入島民)들은 왜구에게 분탕질을 당하여 다시 정착하지 못하였다. 그리하여 조선인들 가운데는 주로 동해안과 남해안의 어부들만이 울릉도에 출어하여 고기를 잡거나 나무들을 벌채하였고, 그것으로 배를 만들어 가지고 돌아오곤 하였다.

임진왜란 직후 울릉도에는 조선인들만 정부 몰래 밀입하거나 출어한 것이 아니다. 일본인들도 울릉도에 출어하거나 밀입하여 고기를 잡고 나무들을 도벌해 갔다. 이때부터 일본인들은 울릉도를 그들의 호칭으로 죽도(竹島 ; 다케시마) 또는 기죽도(磯竹島 ; 이소다케시마)라고 부르기 시작하였다. 그리고 울릉도로 건너가는 길목에 있는 울릉도의 부속 도서 우산도[독도]를 죽(竹)에 대한 대칭으로서 송도(松島 ; 마츠시마)라고 부르기 시작한 것으로 보인다.

조선왕조가 울릉도 공도정책을 계속 실시하는 데 착안해서, 일본은 이 시기에 대마도주(對馬島主)가 중심이 되어 울릉도 침탈을 시도해 보려고 하였다. 대마도주는 1614년(광해군 6) 6월에 조선 동래부(東萊府)에 작은 배 한 척을 보내 서계(書契)를 보내오면서, "덕천가강(德川家康 ; 도쿠가와 이에야스)의 분부로 죽도[礒竹島, 울릉도]를 살펴보려고 하는데 태풍을 만날까 두려우니 길 안내를 내어달라"고 부탁하였다.[21] 이것은 조선 조정의 울릉도를 지키려는 의지의 정도를 측정해 보려고 한 것이었다.

조선 정부는 예조에서 이를 거절하는 회유문을 주어 돌려보냈다. 이어서 조선 조정은 이 해 9월 비변사의 품계에 따라, 울릉도는 조선에 속한 섬이라는 사실을 《동국여지승람》에 실어 놓았고, 군역을 기피하고자 울릉도에 있던 도민을 다시 데려온 기록도 명백하게 싣고 있으니, 만일 일본측에서 앞으로 전번과 같은 시도가

---

21) 《邊例集要》卷 17, 鬱陵島條, 國史編纂委員會版 下卷, p. 502 참조.

있으면 강경대응을 하겠다는 서계를 대마도주에게 주어서 막부(幕府)에 보고하도록 하였다. 조선 조정은 울릉도에 일본인들의 왕래를 금지하는 조정의 정책을 집행하도록 경상감사와 동래부사에게 지시하였다.[22]

이듬해인 1615년(광해군 7)에도 일본 배 두 척이 찾아와서 "기죽도[울릉도]의 형지(形止)를 탐험하러 간다"고 하였다. 이에 동래부사 박경업(朴慶業)은 전년의 조정의 지시에 따라 기죽도가 경상도와 강원도 사이에 있는 울릉도로서 이것이 우리나라 영토임은 《동국여지승람》에 기재되어 있으며, 신라·고려 이래로 토산물 헌납을 거두어들였고, 조선왕조에 들어와서도 여러 차례 도민을 데리고 들어온 사실을 지적하고, 지금 비록 공도(空島 ; 廢島)상태에 두었지만 외국인의 불법 무단거류를 절대로 용납할 수 없다는 강경한 답서를 주어 돌려보냈다.[23]

그러나 일본의 덕천막부는 조선 정부와 아무런 협의도 없이 1618년(조선 광해군 10, 일본 元和 4)에 미자(米子)의 정인(町人) 대곡심길(大谷甚吉 ; 오오다니)과 촌천시병위(村川市兵衛 ; 무라가와) 두 가문에 죽도[울릉도] 도해면허(渡海免許)를 내려주었다.[24] 이 도해면허는 일본 국

---

22) 《光海君日記》卷 82, 光海君 6年 9月 辛亥條 참조.
23) 《增補文獻備考》卷 31 輿地考 19, 于山島·鬱陵島條 참조.

경을 넘어 '외국'에 가서 통상(通商)할 수 있게 하는 면허장이었다. 따라서 덕천막부는 울릉도[竹島]를 외국(조선)의 영토로 인정하였으나, 울릉도가 공도(空島)로 되어 있음을 기회로 삼아 두 정인 가문으로 하여금 울릉도에 가서 고기잡이와 벌목 등을 할 수 있도록 내버려 둔 것이었다. 만일 조선 조정이 이를 알고 항의해 오는 경우에는 그 허가장이 '도해면허'이므로 외국과의 통상 허가장에 불과한 것이라고 설명하여 빠져나갈 구멍을 마련해 놓았다.

이에 그 이후 일본의 대곡과 촌천 두 가문의 배들은 울릉도에 들어와 조선 정부 몰래 고기잡이와 벌목을 자행하였으며, 울릉도의 부속 도서인 독도(우산도, 일본호칭 松島)에는 울릉도를 왕복하는 도중에 들르기도 하였다. 대곡가(家)는 1656년경에 덕천막부로부터 송도[우산도, 독도] 도해면허도 획득하였다. 그리하여 조선 영토인 울릉도와 우산도[독도]는 약 80년 동안 덕천막부의 방조와 허가 아래 조선 정부 몰래 이 두 일본 가문의 침범을 받게 되었다.

그런데 현재의 일본 정부는 1952년 독도 논쟁을 일으

---

24) 川上健三, 《竹島の 歷史地理學的研究》, 東京 : 古今書院, 1966, pp. 71~72 참조.

킨 후, 1962년 한국 정부에 보낸 외교문서에서 위의 사실을 왜곡하여 독도가 일본 영토임을 증명하는 자료로 이용하려고 하였다. 일본 정부는 조선왕조 초기부터 조선 정부가 울릉도에 대한 공도정책을 실시하여 경영을 방기하였기 때문에 울릉도를 내왕하는 일본인들이 많아졌고, 16세기 말부터 약 100년간 울릉도는 일본인의 어채지(漁採地)가 되었다고 주장하였다. 그리고 이에 미자(米子)의 정인(町人) 대곡심길과 촌천시병위는 원화(元和) 4년(1618)에 막부로부터 정식으로 울릉도 도해면허를 얻고 경영에 종사하였다고 주장하였다. 일본 정부는 1656년경에 송도[우산도, 독도]를 막부로부터 배령하여 어렵(漁獵)을 포함해서 그것을 독점적으로 경영하는 면허를 얻었으며, 원록(元祿) 9년(1696) 1월에 덕천막부는 울릉도 경영을 방기하기로 결정하였으나, 오늘날의 죽도[독도, 당시의 松島]에 건너가는 것은 금지되지 않았던 만큼 의연히 일본 영토로 인식되었다고 주장하였다.[25]

　그러나 일본 정부의 이러한 주장은 전적으로 잘못된 것이다. 일본 정부는 1656년경 대곡가(大谷家)가 막부로부터 송도[독도] 도해면허를 '배령'(拜領)하였다고 운운하

---

25) 〈往復文書, 1962년 7월 13일자 日本側 口述書(No. 228/ASN) : 日本政府見解(4)〉, 《資料集》, pp. 234~270 참조.

면서 '배령'을 부각시키고 있는데 여기에는 함정이 있다. 그 당시 '배령'이라는 한자말에는 '절하여 받았다', '받았다'는 뜻밖에 없었다. 여기에 '영지(領地)를 받았다', '영토(領土)를 받았다'는 뜻은 전혀 포함되지 않았다는 말이다. 또 실제로 받은 것도 송도가 아니라 송도 '도해면허'에 불과한 것이었다.

대곡가(家)가 송도[독도] 도해면허를 받았다고 증명하는 고문서인 1660년(일본 萬治 3) 9월 5일자 귀산장좌위문(龜山庄左衛門)의 서간에서는 "울릉도 안의 독도"(竹島內之松島)[26]라고 하여 독도가 울릉도 안에 포함, 부속되어 있는 도서임을 강조해서 송도[독도] 도해면허가 죽도[울릉도] 도해면허와 동일한 것이며, 죽도 도해면허를 이미 발급받았기(1618년) 때문에 '죽도내지송도'(竹島內之松島)인 송도 도해면허가 동일한 대곡가에서 나온 것임을 명백하게 알려주고 있다.

죽도[울릉도] 도해면허는 외국에 갈 수 있는 도해면허였으므로, 당연히 송도 도해면허도 외국 도해면허였다. 만일 당시 막부나 대곡가가 송도[독도]를 일본 영토로 간주하였다면 송도 도해면허는 불필요하였을 것이다.

---

26) 〈龜山庄左衛門書簡〉, 1660년(萬治 3) 9月 5日자 ; 川上健三, 앞의 책, p. 74 참조.

따라서 일본 덕천막부가 1656년경 송도[독도] 도해면허를 대곡가에게 발급해 준 것은 죽도[울릉도]와 동일하게 송도[독도]를 외국(조선) 영토로 간주하였기 때문이다.

당시 일본 덕천막부의 울릉도·독도에 대한 정책은 울릉도[竹島]와 독도[松島]를 명백하게 조선 영토로 인정한 것이었다. 그러나 당시 조선 정부가 울릉도에 대한 공도정책을 실시하고 있음을 기회로 포착하여 조선 정부의 동의도 구하지 않고 조선 정부 몰래 대곡가와 촌천가에게 외국(울릉도와 독도)에 들어갈 수 있는 도해면허를 발급해서 울릉도와 독도에서 고기잡이와 벌목(伐木) 등을 해오도록 하여 실리를 취한 것이다.

당시 덕천막부가 송도[우산도, 오늘의 독도]를 일본 영토로 간주한 적은 한 번도 없으며, 송도는 울릉도[竹島]의 부속 도서로서 당연히 조선 영토로 간주되었고, 외국 국경을 넘을 수 있도록 승인하는 송도[우산도, 독도] 도해면허를 발급해 준 것이다. 이것도 사전에 조선 조정의 동의나 협의를 얻은 것이 아니었기 때문에 부당한 처사임은 물론이다.

8. 일본 고문헌이 밝히는 '독도는 고려 영토'

일본측 조사에 의하면, 일본 문헌 가운데서 죽도[울릉도]와 함께 송도[독도]가 최초로 기록된 것은 1667년에 편찬된 《은주시청합기》(隱州視聽合記)이다. 이 책은 편찬자 재등풍선(齋藤豊仙)이 출운(出雲 ; 雲州)의 관인(官人 ; 藩士)으로서 번주(藩主)의 명을 받아 1667년(일본 寬文 7, 조선 顯宗 8) 가을에 은기도(隱岐島)를 순회하면서 살피고 관찰한 바와 들은 바를 채록하여 지어 보고한 것이다. 이 책에서는 다음과 같이 기록하고 있다.

은주(隱州)는 북해(北海) 가운데 있다. 그러므로 은기도(隱岐島)라고 말한다.……술해간(戌亥間)에 2일1야(二日一夜)를 가면 송도(독도─인용자)가 있다. 또 하루거리에 다케시마(竹島 ; 울릉도─인용자)가 있다.(俗言에 磯竹島라고 하는데 대나무와 물고기와 물개가 많다. 神書에 말한 소위 50猛일까) 이 두 섬(松島와 竹島)은 무인도(無人島)인데, 고려(高麗)를 보는 것이 마치 운주(雲州)에서 은기(隱岐)를 보는 것과 같다. 그러한즉 일본(日本)의 서북(乾) 경지(境地)는 이 주[隱州]로써 한(限)을 삼는다.[27]

이 책에서는 일본 은기도로부터 서북쪽으로 배로 두 낮 하룻밤 거리를 가면 송도가 있고, 송도로부터 하루 낮 거리에 죽도가 있다고 하여 위치와 거리로 판별할 때 독도[우산도]를 송도, 울릉도를 죽도라고 부르면서, 이 두 섬(松島와 竹島)에서 고려를 보는 것이 마치 일본의 운주(雲州 ; 出雲國, 지금의 시마네縣)에서 은기도를 보는 것과 같아서, 이 두 섬 송도[독도]와 죽도[울릉도]는 고려에 속하는 것이고, 그러한즉 일본의 서북 경계지는 은주(隱州 ; 隱岐島)로써 한계를 삼는다고 밝히고 있다.

일본 최초로 독도를 기록한 이 문헌은 울릉도[竹島]와 독도[松島]가 고려(한국) 영토이며, 일본 경계 밖에 있는 섬들로서, 일본 영토가 아니라는 사실을 잘 밝혀놓았다.

17세기에 덕천막부의 일본이 독도와 울릉도에 불법 침입하면서도 독도와 울릉도가 조선 영토임은 명백히 인정하고 있었던 것이다.

---

27) 《隱州視聽合記》卷 1, 國代記部 ; 川上健三, 위의 책, p. 50에서 재인용. "隱州在北海中 故云隱岐島……戌亥間 行二日一夜有松島 又一日程有竹島(俗言磯竹島 多竹漁海鹿 按神書所謂五十猛歟) 此二島無人之地 見高麗如自雲州望隱州 故日本之乾地 以此州爲限矣."

제 5 장
울릉도·독도 영토논쟁과 안용복의 활동

1. 17세기 말 일본의 울릉도·독도 침탈 시도

조선의 동해안과 남해안 어부들은 조정 몰래 자기 나라 영토인 울릉도에 들어가서 고기잡이를 하고 배도 지었다. 한편 일본의 덕천막부가 1618년 대곡과 촌천의 두 가문에게 이른바 '죽도 도해면허'(竹島渡海免許)라는 것을 주어 두 가문의 배들이 조선 정부 몰래 울릉도에 들어와서 고기잡이와 벌목을 자행하였으므로, 두 나라 어부들은 때때로 충돌하게 되었다.

마침내 1693년(조선 숙종 19) 봄에는 울릉도에서 고기잡이를 하고 있던 동래·울산 어부 40명과 울릉도에 몰래 고기잡이를 하러 국경을 넘어온 일본 대곡가의 어부들 사이에 충돌이 일어났다. 수적으로 우세하였던 일본 어부들은 조선 울산 어부들의 대표격인 안용복(安龍福), 박어둔(朴於屯) 등에게 의논하자고 꾀어내어 은기도(隱岐島)로 납치해 갔다.

안용복은 은기도주에게 울릉도는 조선 영토임을 지적하고, "조선 사람이 조선 땅에 들어갔는데 왜 잡아왔는가"라고 항의하였다. 이에 은기도주는 안용복 등을 그의 상사인 백기주(伯耆州) 태수에게 이송하였다. 백기주 태수의 심문에 안용복은 당당하게 울릉도가 조선 영토임을 강조하고, 조선 영토인 울릉도에 일본 어부들의 출입을 금지해 줄 것을 요구하였다. 당시 백기주 태수는 울릉도가 조선 영토임을 알고 있었기 때문에 안용복을 강호(江戸)의 관백(關白 ; 幕府將軍)에게 이송하였다. 막부의 관백도 여러 가지 조사 후에 안용복의 주장이 사실임을 인정하여 "울릉도는 일본 영토가 아니다"(鬱陵島非日本界)는 서계(書契)를 백기주 태수를 시켜서 써 주고 안용복 등을 강호[東京], 장기(長崎), 대마도(對馬島)를 거쳐 조선에 송환시켰다.

그러나 안용복 등이 장기에 이르자 대마도주는 안용복 등을 다시 잡아가두었으며, 대마도에 이르자 대마도

주는 관백이 백기주 태수를 시켜서 안용복에게 써 준 서계를 빼앗고, 안용복 등을 일본 영토인 죽도(竹島 ; 다케시마)를 침범한 죄인으로 묶어서 조선 동래부에 인계하면서 왜의 사절에게 서찰을 주어 조선측에 뜻밖의 요구를 해 왔다.

즉, 이때 대마도주는 안용복 사건을 역이용하여 자기가 막부정권의 뜻을 대신한다고 전제하면서 귤진중(橘眞重)을 사절로 임명하여 비어 있는 울릉도를 대마도 소속으로 침탈하고자 하였다. 대마도주는 1693년 11월 안용복 등을 호송하는 길에 귤진중을 보내어서 동래부사를 거쳐 조선측에 서찰을 올렸는데, 그는 이 서찰에서 동해에 울릉도가 아니면서 울릉도와 비슷한 별개의 일본 영토인 죽도가 있는 것처럼 문구를 만들어 "이제 이후로는 일본 영토인 죽도에 조선 선박이 들어오는 것을 결코 용납지 않을 터이니 귀국도 (조선 어민의 竹島) 출어를 엄격히 막아 달라"[1]는 엉뚱한 요구를 해 왔다.

대마도주는 물론 울릉도가 곧 죽도임을 잘 알면서도 조선 정부로부터 죽도가 일본 영토라고 인정하는 공문서를 받아내어 울릉도=죽도를 분쟁지화한 다음 죽도를 대마도 소속으로 하여 탈취하려는 다단계 전략이었다.

---

1) 《肅宗實錄》卷 26, 肅宗 20年 2月 辛卯條 참조.

2. 온건대응파 조선 정부의 대응

조선 정부는 이에 대하여 강경대응론과 온건대응론이 대립하다가, 임진왜란에 놀란 경험을 새겨 사나운 일본과의 정면충돌을 피하기 위해 목래선(睦來善 ; 좌의정), 민암(閔黯 ; 우의정) 등 집권파의 온건대응론을 채택하였다. 따라서 조선 정부는 울릉도가 조선 영토인 것만 분명히 하고 저들이 일본 영토라고 서찰에 쓴 죽도가 울릉도를 가리킨 것을 알면서도 모른 체해서 일본 영토인 죽도에 조선 어부들의 출어를 금지시키도록 하겠다는 다음과 같은 회답문을 귤진중을 통해 대마도주에게 보냈다.

> 우리나라 동해안의 어민에게 외양(外洋)에 나갈 수 없도록 한 것은 비록 우리나라의 경지(境地)인 울릉도일지라도 역시 멀다고 생각하기 때문에 임의(任意) 왕래를 허락하지 않거늘 하물며 그 외에 있어서랴. 이제 이 어선이 감히 귀국의 경지(境地)인 죽도(竹島)에 들어갔기 때문에 영송(領送)하는 번잡함에 이르고 멀리 서찰까지 보내게 하였으니, 이웃 나라 사이의 친선의 우의에 감사하는 바이다.[2]

이 회답문은 온건대응을 강조한 나머지 울릉도를 우리나라의 영토라고 못박음과 동시에 일본측이 말하는 죽도가 울릉도임을 알면서 이를 모른 체해서 별개의 섬인 것처럼 '귀국의 경지(境地) 죽도' 하고 일컬은 허점을 내포한 것이었다.

동래왜관에서 회답문을 기다리던 귤진중은 '귀국의 경지 죽도……'라고 한 문서를 얻어 절반의 목적은 달성하였으나, '우리나라의 경지 울릉도'가 남아 있어 울릉도 침탈에 방해가 된다고 판단해서, "서찰에 단지 죽도라고만 하면 참으로 좋을 것을 반드시 울릉도를 드는 것은 무엇인가"[3] 하고 '울릉도'라는 글자의 삭제와 문서 수정을 요구하였다. 그는 이 회답문의 수령을 거부하고 15일간이나 말썽을 부리며 버티다가, 조선 조정이 끝까지 들어주지 않자 회답문을 받아가지고 대마도로 돌아갔다.

일본은 이제 '우리나라의 경지 울릉도'라는 문자만 삭제하면 울릉도를 죽도라는 이름으로 일본 영토로 만들 수 있는 조선 정부의 문서를 획득하게 되는 것이었다.

---

2) 위와 같음.
3) 위와 같음.

3. 강경대응파의 집권과 침략시도 격퇴

조선 조정에서는 대마도 사절 귤진중이 조선 조정의 회답문에 불만을 가져 말썽을 피우고 돌아갔다는 소식이 전해지자 온건대응론에 대한 비판과 규탄이 격렬하게 일어났다. 그리하여 온건대응파가 퇴진하고, 남구만(南九萬) 등 강경대응파가 집권하게 되었다.

조선 조정의 사관(史官)들은 "울릉도와 죽도는 한 섬에 대해 이름이 두 개인 것[一島二名]뿐인데 일본인이 울릉도의 이름을 감추고 죽도에서의 고기잡이만 말한 것은 후에 이 서계를 증거로 삼아서 울릉도를 점거하려는 계책이다. 지난번 회답문은 신중이 지나쳐, '조선 조정의 땅을 타인에게 주는 가당치 않은' 것이며, 이웃 나라에 나약함을 보인 외교"라고 하며 온건대응론을 격렬하게 규탄하였다.[4]

새 영의정 남구만도 지난번 일본측에 보낸 회답서는 특히 모호하니 마땅히 접위관(接慰官)을 파견하여 지난번 회답서를 돌려받아 오고, 그것을 만든 책임자를 문책해야 하며, 울릉도에 들어오는 일본인은 모두 용납하

---

4) 위와 같음.

지 않아야 한다고 주장하였다. 또한 일본이 울릉도를 점거하면 강릉과 삼척이 그 해를 입을 것이라고 지적하면서 강경대응을 국왕에게 요청하였다. 이에 국왕 숙종도 영의정 남구만의 의견을 받아들여 이전의 회답서를 돌려받으라고 명령하였다.[5]

조선 조정이 이와 같이 강경대응론으로 돌아선 후에, 대마도주는 지난번 조선 조정의 회답서에 대한 대마도주의 답서를 작성하여 이듬해인 1694년 8월에 2차로 귤진중을 조선에 파견하였다. 답서의 내용은 '울릉도'라는 글자를 삭제해 달라고 요청한 것이었다.

조선 조정은 강경대응책을 실행하기에 앞서 안용복 등을 심문해 보니, 일본 강호의 덕천막부는 안용복 등을 후대하고 울릉도[竹島]가 조선 영토임을 알고 있는데, 장기도(長崎島)와 대마도에 이르러 안용복 등을 문책하였으며, 대마도주의 서계에서 '일본 영토 죽도……'라고 일컬은 것은 강호막부의 견해가 아니라 후일 강호막부에 공을 내세우기 위한 대마도주의 계책이라는 사실을 알게 되었다.

이에 영의정 남구만은 앞서의 제1차 회답서를 취소하고, 새로이 수정한 회답서를 작성하였다. 그 요지는

---

5) 위와 같음.

울릉도가 바로 죽도로서 한 섬이 두 개의 이름을 가진 것뿐이며, 울릉도=죽도는 조선 영토임을 밝혔다. 또한 일본인들이 울릉도에 들어와서 안용복 등을 데려간 것은 조선 영토를 침입하고 간섭한 것[侵涉]으로, 조선의 땅에 들어간 조선인을 잡아가둔[拘執] 실책임을 명확히 밝혔으며, 이 뜻을 강호막부에 전하여 보고해서 일본인들에게 울릉도에 왕래하지 못하도록 하고, 이러한 일이 다시는 일어나지 않도록 해 달라고 강경한 논지로 밝힌 것이었다.[6]

대마도 사절은 이 수정된 회답서를 받고 '침섭'과 '구집'의 용어를 고쳐줄 것을 요청하였으며, 또 대마도주의 제2서에 대한 회답서도 요청하였으나 조선 조정은 이를 모두 거절하였다.

조선 조정은 또한 삼척첨사(三陟僉使) 장한상(張漢相)을 1694년 9~10월 울릉도에 파견하여 울릉도의 실태를 조사해 오게 하였다. 장한상의 조사 보고를 받은 영의정 남구만은 사민정책을 실시하는 것보다는 1, 2년에 한 번씩 수색함이 마땅할 것으로 보고하여 왕의 허락을 얻었다.[7] 이에 울릉도에 사민은 하지 않기로 하고, 1694

---

6) 《肅宗實錄》卷 27, 肅宗 20年 8月 己酉條 참조.
7) 위와 같음.

년부터 조선 조정의 정기적 수토(搜討)정책이 채택되었
던 것이다.

4. 덕천막부 장군의 울릉도·독도＝조선 영토 재확인

그러나 대마도주 종의윤(宗義倫)은 이에 불복하여 울
릉도를 죽도라고 부르면서 계속 죽도의 침탈을 시도하
여 조선 조정과 팽팽히 대치하게 되었다. 이러한 대치
는 조선 조정과 강호막부의 관계까지 긴장되게 하였음
은 물론이다.

이 대치중에 일본 대마도에서는 도주(島主) 종의윤이
죽고 종의방(宗義方)이 신주(新主)로 취임하는 변화가 있
었다. 대마도 신주 종의방은 신임 인사를 겸하여 1896
년(조선 숙종 22, 일본 元祿 9) 1월 강호의 덕천막부 관백
[將軍]에게 들어갔다가 백기주 태수 등 4인이 모인 자리
에서 관백으로부터 '죽도 문제'[竹島一件]에 대한 날카로
운 질문을 받게 되었다. 관백의 주도 아래 질의 응답
과 토론이 계속되어 검토한 결과 죽도[울릉도]를 조선
영토로 인정하지 않을 수 없다는 결론에 도달하였고,
일본의 죽도[울릉도] 출어를 영구히 금지시키기로 결정
하였다.

이때의 질의응답과 관백이 최종결정하여 대마도 신주에게 지시한 사항의 요지는, ① 죽도는 일본 백기주로부터의 거리가 160리 정도인 데 비하여 조선으로부터의 거리는 40리 정도로 조선에 가까우니 조선 영토라고 볼 수 있고, ② 일본인들의 죽도 도해는 금하도록 하며, ③ 이 뜻을 대마도 태수가 조선에 전하도록 하고, ④ 대마도 태수는 돌아가면 형부대보(刑部大輔 ; 재판관)를 조선에 파견하여 이 결정을 조선에 알린 후에 그 결과를 관백에게 보고하도록 한 것이었다.[8]

일본 덕천막부 관백의 이러한 결정은 1696년 1월에 내려져 명령된 것이며, 대마도주 종의윤에 의해 야기된 죽도[울릉도] 영유권 논쟁이 일본측에 의해서도 조선 영유로 다시 한번 인정된 것이었다. 당시 송도[독도]는 죽도의 부속 섬으로 간주되고 있었기 때문에 일본 관백의 이 결정은 송도도 조선 영유로 포함시킨 것임은 다음 절의 안용복 기사에서도 재확인되는 바와 같다.

일본 대마도 신주 종의방은 강호로부터 돌아온 후 우선 대마도에 들어간 조선의 도해역관(渡海譯官)을 불러 면담해서 서찰을 주어 조선측에게 덕천막부 관백의 결

---

8) 日本太政官 編,《公文錄》, 內務省之部 1, "日本海內竹島外一島地籍編纂方伺"의 〈元祿 年間 附屬文書〉제 1 호 참조.

정을 전하였다.[9]

5. 안용복의 활동

한편 동래 출신 안용복은 대마도주가 울릉도를 탈취하려고 집요하게 시도하는 것을 보고, 지난 번의 경험을 살려서 자신이 직접 2차로 일본에 건너가서 백기주 태수와 담판을 짓고 오기로 결심하였다.

《숙종실록》에 의하면 안용복은 1696년(숙종 22) 봄에 미리 준비를 한 뒤, 울산으로 가서 울릉도에 가면 많은 해산물을 채취할 수 있다고 하여 순천 송경사(松慶寺)의 상승(商僧) 뇌헌(雷憲) 등과 이인성(李仁成), 유일부(劉日夫 ; 사공), 유봉석(劉奉石), 김길성(金吉成), 김순립(金順立) 등 16명을 모아 한 무리를 이루어 울릉도로 건너갔다.

울릉도에는 과연 다수의 일본 배들이 와서 정박해 있었다. 안용복이 외치기를 "울릉도는 본래 우리의 땅인데 왜인이 어찌 감히 국경을 넘어와 침범하는가, 너희들은 모두 묶어 마땅하다"고 뱃머리로 나아가면서 크게 꾸짖었다. 일본인들은 말하기를, "우리들은 본래 송도

---

9) 《邊例集要》卷 17, 丁丑(1697) 正月條, 國史編纂委員會版 下卷, p. 510 참조.

(우산도·독도−인용자)에 사는데, 우연히 고기잡이를 나왔다가 이렇게 되었으니 마땅히 우리 땅으로 돌아갈 것이다"라고 하였다. 안용복이 이에 "송도는 곧 자(子 ; '于'의 잘못 인쇄)산도인데 이 역시 우리나라의 땅이다. 너희들이 감히 어떻게 여기에 산다고 하느냐"(松島卽子山島 此亦我國地 汝敢住此島)[10]고 말하고, 이튿날 새벽 우산도[독도, 松島]로 들어가 보니 그 일본 어부들이 가마솥을 걸고 물고기를 조리고 있으므로, 막대기로 이를 부수고 큰소리로 이를 꾸짖으니 일본인들이 모두 배를 타고 본국으로 돌아갔다.[11]

안용복 등은 그 길로 일본 어부들을 쫓아 일본의 은기도(隱岐島)로 들어갔다. 은기도주가 안용복에게 찾아온 이유를 물으니, 안용복이 큰소리로, "몇 년 전에 내가 이곳에 들어와 울릉·자[于]산 등의 섬을 조선 땅의 경계로 정하고 관백의 서계를 받아가기에 이르렀는데, 이 나라는 정식(定式)도 없이 또 우리 경지를 침범하였으니 이것이 무슨 도리인가"(傾年吾人來此處以鬱陵·子山等島 定以朝鮮地界 至有關白書契 而本國不有定式 今又侵犯我境 是何道理云爾)[12]라고 말하였다.

---

10) 《肅宗實錄》卷 30, 肅宗 22年 9月 戊寅條 참조.
11) 위와 같음.
12) 위와 같음.

이에 은기도주는 안용복의 항의를 백기주에 마땅히 전보하겠다고 말하였다. 그러나 오래 기다려도 백기주로부터는 아무런 소식이 없었다.

안용복 등은 이에 격분하여 배를 타고 백기주(지금의 島根縣)로 바로 향해서 '울릉·우산 양도 감세장'(兩島監稅將)이라 가칭하고, 백기주에 사람을 보내어 통고하니 백기주에서 사람과 말을 내어서 맞이하였다. 안용복은 청첩리(靑帖裏)를 입고 흑포(黑布)갓을 쓰고 가죽신을 신고 가마를 타서 위의(威儀)를 갖추었으며, 다른 사람들은 말을 타고 백기주 태수의 집무처로 들어가서, 안용복은 백기주 태수와 청상(廳上)에 대좌하고 다른 사람들은 모두 중간 계단에 하좌(下座)하였다.

백기주 태수가 일본에 온 이유를 물으니 안용복이 담판하기를, "전날 두 섬의 일로 서계를 받아내었음이 명백할 뿐 아니라 대마도주는 서계를 탈취하고 중간에 위조하여 여러 번 왜의 사절을 보내어 불법으로 침범하니 내가 장차 관백에게 상소하여 죄상을 낱낱이 진술하겠다"(前日以兩島事 受出書契 不啻明白 而對馬島主 奪取書契 中間僞造 數遣差倭 非法橫侵 吾將上疏關白 歷陳罪狀)[13]라고 따졌다. 백기주 태수가 이를 허락하였으므로 안용복은

___

13) 위와 같음.

이인성으로 하여금 상소문을 지어서 관백에게 올리게 하였다.

이때 대마도주의 아버지가 백기주 태수를 찾아와 말하기를 "만약 이 상소가 올라가면 내 아들은 반드시 중죄를 얻어 죽을 것이므로 청컨대 이 상소를 받아들이지 말아 달라"고 간청하였다. 이 때문에 안용복의 상소문은 관백에게 바쳐지지 않았다. 그러나 백기주 태수는 이전에 국경을 침범하여 울릉도에 들어갔던 일본인 15명을 적발하여 처벌하였다.

백기주 태수는 이와 동시에 안용복에게 "두 섬이 이미 당신네 나라에 속한 이상, 만일 다시 국경을 넘어 침범하는 자가 있거나 도주(對馬島主－인용자)가 혹시 불법으로 침범하는 일이 있을 때, 국서를 작성하고 역관을 정하여 들여보내면 마땅히 무겁게 처벌할 것이다" (兩島旣屬爾國之後 或有更爲犯越者 島主如或橫侵 竝作國書 定譯官入送 則當爲重處)[14]는 약속을 하였다.

여기서 우리가 주목할 것은 안용복의 담판에 의하여 1696년에 백기주 태수도 "두 섬(울릉도와 우산도, 일본 호칭 竹島와 松島)이 이미 당신네 나라에 속하였다"고 인정하고, 울릉도뿐만 아니라 독도(우산도, 松島)가 이미

---

14) 위와 같음.

조선에 속한 섬임을 명료하게 인정하였다는 사실이다.

6. 17세기 말 울릉도·독도 영유권 논쟁 종결

한국측과 일본측 자료들의 날짜가 정확하다면, 안용복과 백기도 태수의 위의 '두 섬이 이미 귀국(歸國)에 속하였다'고 한 담판은 덕천막부의 관백이 죽도 문제[竹島一件]에 대해 죽도가 조선 영토임을 인정하고 일본인들의 죽도 도해(渡海)를 엄금한 1696년 1월 직후 몇 개월 사이에 있었던 일이다. 이때 일본측은 당연히 송도(우산도, 독도)를 죽도[울릉도]의 부속 도서로 간주하여, 관백의 1696년 1월의 '죽도일건'에 대한 결정과 명령은 죽도와 그 부속 섬인 송도를 포함한 것이었으며, 안용복의 활동에 의해 이것은 문서화되어서 "두 섬(竹島와 松島)이 이미 조선에 속하였음"을 기록으로 남기게 된 것이었다.

일본의 대마도 신주가 1696년 1월의 일본 관백의 결정을 관백의 명령에 따라, 조선의 도해역관을 불러 면담해서 서찰을 주어 알린 것은 1696년의 일이지만, 정식으로 형부대보[裁判差倭] 평성상(平成常)을 조선에 파견하여 통보한 것은 이듬해인 1697년 1월이었다.[15]

이때부터 양국간에 외교문서의 왕복이 몇 차례 거듭되다가, 1699년(조선 숙종 25, 일본 元祿 12) 일본국 대마도 형부대보 습유(拾遺) 평의진(平義眞)이 조선국 예조참의 이선부(李善溥)에게 보낸 외교문서를 끝으로 외교문서상의 정리도 완결되었다.[16]

그리하여 1693년에 일본 대마도주가 울릉도·독도(竹島·松島)를 탈취하려고 일으킨 '울릉도·독도 논쟁'은 1696년 1월에 울릉도·독도가 조선 영토인 것으로 일본측에서도 결정되었고, 이 결정에 대한 외교문서의 왕복과 정리도 1699년에 끝나 이 논쟁은 '울릉도·독도'가 조선 영토임을 재확인하며 종결된 것이었다.

7. 덕천막부시대 고지도의 울릉도·독도 조선 영토 표시

17세기 말 조선과 일본 사이의 '울릉도·독도 논쟁'에 대하여 일본의 중앙 정부인 강호의 덕천막부 관백이 1696년 1월에 울릉도·독도가 조선 영토임을 재확인하여 결정한 이후, 일본의 덕천막부시대에 모든 일본인들

---

15) 《邊例集要》卷 17, 丁丑(1697) 正月條, 國史編纂委員會版 下卷, p. 510 참조.
16) 《公文錄》, 內務省之部 1, "日本海內竹島外一島地籍編纂方伺"의 〈元祿年間 附屬文書〉제 4 호 참조.

先太守因竹島事遣使於

貴國者兩度使事未了不幸早世由是原遣使人不日上船

入

觀之時

問及竹島地狀方向據實具對因以其去

本邦太遠而去

貴國却近恐兩地人般雜必有潛通私市莠弊速即下

令永不許人往漁採夫釁隙生於細微禍患興於下賤古今

通病慮寧勿預是以百年之好偏欲強萬而一島之微遠

忖不較豈非

兩邦之美事子焱念

南宮應懇懃修書使本州代傳

盛謝勇譯使俟回掉之日口伸毋遠

1697년 1월 일본측이 竹島를 조선영토로 인정하고, 일본인의 竹島 출어를 금지하는 명령을 내렸음을 조선측에 알려온 전달서.

은 죽도[울릉도]와 송도[독도]가 조선 영토라는 사실을 존중하였다.

예컨대 일본에서 덕천막부시대에 일본·조선·중국의 국경의 구분을 그린 대표적 지도인 일본의 대학자 임자평(林子平 ; 1738~1793)의 〈삼국접양지도〉(三國接壤地圖 ; 1785년 간행)에서는 국경과 영토를 나타내기 위해 나라별로 색깔을 칠해서 구분해 놓았다. 이 지도는 조선국을 황색으로, 일본국을 녹색으로 채색하였는데, 울릉도와 우산도[독도]를 정확한 위치에 그려 넣었을 뿐 아니라 두 섬을 모두 황색으로 표시하여 울릉도와 독도[우산도]의 두 섬이 조선 영토임을 분명하게 표시하였다. 또한 이 지도는 울릉도와 독도의 두 섬 옆에다 다시 '조선의 것으로'(朝鮮ノ持ニ)라는 문자를 적어 넣어 울릉도와 독도가 조선 영토임을 거듭 밝혔다.

또한 같은 18세기 덕천막부시대의 일본 고지도인 〈총회도〉(總繪圖)에서는 국경과 영토를 명백히 구분하기 위해 나라별로 채색을 하면서 일본국은 적색으로, 조선국은 황색으로 칠하였는데, 울릉도와 독도를 정확한 위치에다 그려 넣고 이름을 밝힘이 없이 모두 조선국의 색깔인 황색을 칠하여 울릉도와 독도의 두 섬이 모두 조선 영토임을 분명하게 표시하였다. 그뿐 아니라 이 〈총

90

회도〉에도 울릉도와 독도의 두 섬 위에 또다시 문자로 '조선의 것으로'(朝鮮ノ持ニ)라고 적어 넣어 울릉도와 독도가 조선 영토임을 거듭 명료하게 밝혔다.[17]

여기서 주목할 것은 18세기 일본 덕천막부시대의 대표적 지도들이 울릉도와 독도를 조선 영토로 확인하여 그려 넣으면서 문자로 표시할 때 '조선의 것'이라고만 하지 않고 '조선의 것으로'(朝鮮ノ持ニ)라고 표기한 사실이다.

이것은 17세기 말 조선과 일본간의 '울릉도·독도 논쟁'(일본에서 당시 호칭한 '竹島一件')이 해결되어 울릉도와 독도가 '조선의 것으로' 확정되었다는 일본 덕천막부의 1696년 1월의 최종결정을 그 이후의 지도에 반영한 것임을 알 수 있다.

그 후 일본의 덕천막부 정권과 일본인들은 1868년 일본 명치유신(明治維新 ; 메이지유신) 정권이 성립될 때까지 울릉도[竹島]와 독도[松島]가 조선 영토라는 사실을 명백히 인지하고 존중하였다.

---

17) 愼鏞廈, 〈朝鮮王朝의 獨島領有와 日本帝國主義의 獨島侵略〉, 《한국독립운동사연구》제 3 집(1989) 참조.

제6장
일본 명치(明治) 정부의 독도 조선 영유 재확인

1. 일본 외무성과 태정관의 독도 조선 영토 재확인

일본 정부는 현재까지 한·일간의 독도 영유권 논쟁을 전개하는 과정에서, 명치 초기에 명치유신 정부 외무성 수뇌부는 독도를 일본 영토로 인지하고 말하였다고 주장하였다.[1] 그러나 이것은 사실이 아니다. 초기의 명치유신 정부는 독도가 조선 영토라는 사실을 매우 잘 인지하고 있었으며, 이것을 여러 차례 재확인하였다.

일본 명치 정부는 1868년 덕천막부를 타도하고 신정

---

1) 〈往復文書, 1962년 7월 13일자 日本側 口述書(No. 228/ASN) : 日本政府見解(4)〉, 《資料集》, pp. 234~270 참조.

부를 수립한 직후 1869년(조선 高宗 6, 일본 明治 2) 12월에 조선 사정을 내탐하기 위하여 외무성 고관들인 좌전백모(左田白茅), 삼산무(森山茂), 재등영(齋藤榮) 등을 조선의 부산에 파견하였다.

이때 일본 외무성은 조사 사항 가운데 "죽도[울릉도]와 송도[독도]가 조선 부속으로 되어 있는 시말"(竹島松島朝鮮府屬ニ相成候始末)을 포함해 넣어 태정관(太政官 ; 당시 국가최고기관, 총리대신에 해당)에게 결정해 줄 것을 요청하였고, 태정관은 이를 조사하도록 지시하였다.[2]

이 지시를 받고 일본 외무성 고관들이 조선 사정을 내탐하여 1870년(明治 3)에 제출한 복명서(復命書)가 〈조선국교제시말내탐서〉(朝鮮國交際始末內探書)이다. 여기에는 울릉도[竹島]와 독도[松島]가 조선 부속 영토임을 확인하는 다음과 같은 보고가 포함되어 있다.

一. 죽도와 송도가 조선 부속으로 되어 있는 시말

이 건은 송도는 죽도의 인도(隣島)로서, 송도의 건에 부(付)해서는 이제까지 게재(揭載)된 서류(書留)도 없

---

2) 日本外務省調査部　編,《日本外交文書》第 2 卷　第 3 冊,　文書番號 574, 1869年 11月 1日字. 〈外務省ヨリ太政官辨官ヘノ伺書〉, '朝鮮國ヘノ派遣員ニ對スル調査事項指令ニ關スル伺竝ニ之ニ對スル太政官ノ決定', pp. 265~268 참조.

다. 죽도의 건에 대해서는 원록도후(元祿度後) 잠시 동
안 조선으로부터 거류(居留)를 위해 차견(差遣)한 바 있
다. 당시는 이전과 같이 무인(無人)으로 되어 있다. 죽목
(竹木) 또는 죽(竹)을 비롯해서 큰 갈대가 자라며 인삼
(人蔘) 등이 자연으로 난다. 그 밖에 어산(漁産)도 상응
하여 있다고 들었다.……[3]

一竹島松島朝鮮附屬ニ相成候始末
此儀ハ松島ハ竹島ノ隣島ニテ松島ノ儀ニ付是迄揭載セシ
書留モ無之竹島ノ儀ニ付テハ元祿度後ハ暫クノ間朝鮮ヨ
リ居留ノ爲差遣シ置候處當時ハ以前ノ如ク無人ト相成竹
木又ハ竹ヨリ太キ葭ヲ産シ人參等自然ニ生シ其餘漁産モ
相應ニ有之趣相聞ヘ候事

일본 외무성과 태정관이 1869년에 조사사항으
로 지령한 〈竹島松島朝鮮附屬ニ相成候始末〉의 항
목과, 그에 대한 일본 외무성 관리들의 復命 내
용. 일본 외무성과 태정관이 지령한 이 조사항목
은 1869~1870년에 일본정부가 독도를 조선부
속령으로 확인한 명백한 실증자료이다.(《日本外
交文書》 수록)

---

3)《日本外交文書》第3卷, 事項 6, 文書番號 87, 1870年 4月 15日자.
“外務省出仕佐田白茅等ノ朝鮮國交際始末內探書”,《朝鮮國交際始末內
探書》, p. 137.
“一. 竹島松島朝鮮附屬ニ相成候始末
此儀松島ハ竹島ノ隣島ニテ松島ノ儀ニ付是迄揭載セシ 書留モ無之. 竹島
ノ儀ニ付テハ元祿度後ハ暫クノ間朝鮮ヨリ居留ノ爲差遣シ 置候處.
當時ハ以前ノ如ク無人ト相成. 竹木又ハ竹ヨリ太キ葭ヲ産シ人參等
自然ニ生シ其餘漁産モ相應ニ有之趣相間ヘ候事……” 참조.

일본 외무성의 앞의 자료는 ① 명치 초년에 일본 외무성이 죽도[울릉도]와 송도[독도]가 조선 부속령임을 명확히 알고 그에 대한 조사를 지시하였으며, ② 송도[독도]는 죽도[울릉도]에 인접한 섬이라는 사실, 즉 독도는 울릉도의 부속 도서로 간주되었다는 사실과, ③ 송도[독도]에 대해서는 그것이 조선 부속령으로 된 경위를 게재한 문서를 일본측에서는 찾지 못하였다는 사실, ④ 죽도에 대해서는 그것이 조선 부속령으로 된 문서가 있으며 현재 무인도라는 사실, ⑤ 울릉도의 물산(物産) 등이 조사 보고되었음을 알려주고 있다.

일본 외무성과 당시 일본의 최고 국가기관인 태정관은 명치 초기에 ① 울릉도[竹島]와 독도[松島]가 조선 영토이고, ② 결코 주인 없는 섬들이 아니며, ③ 독도[松島]는 울릉도[竹島]에 인접한 섬으로서 울릉도의 부속 도서이고, ④ 독도[松島]와 울릉도[竹島]가 모두 일본 영토가 아님을 명백하게 인식하여, 그것을 일본 정부의 공식문서인 《일본외교문서》(日本外交文書)에 수록하고 있는 것이다.

2. 일본 내무성의 독도 조선 영토 재확인

또 하나의 결정적 자료로 명치 정부 내무성과 태정관이 1877년(明治 10)에 독도는 명백한 조선 영토이며 일본과는 관계 없는 곳이라고 거듭 밝힌 공문서가 있다.

일본 내무성은 1876년 일본 국토의 지적(地籍)을 조사하고 지도를 편제하는 사업에 임하여, 1876년 10월 16일자의 공문으로 도근현(島根縣 ; 시마네현)으로부터 죽도[울릉도]와 송도[독도]를 도근현의 지도와 지적에 포함시켜야 할 것인가 포함시키지 말아야 할 것인가의 여부에 대한 질의서를 받았다.

일본 내무성은 도근현이 제출한 부속문서뿐만 아니라 17세기 말(조선 숙종 연간, 일본 元祿 연간) 조선과 왕복한 관계문서들을 5개월에 걸쳐 모두 조사해 본 후, 죽도[울릉도]와 송도[독도]는 조선 영토이며 일본과는 관계가 없다는 결론을 내렸다. 그러나 "판도(版圖)의 취사(取捨)는 중대한 사건"이므로 이를 내무성 단독으로 결정하지 않고 국가 최고기관인 태정관의 결정을 받기 위하여 이듬해인 1877년(明治 10) 3월 17일 다음과 같은 질품서(質稟書)를 태정관에게 제출하였다.

일본해내(日本海內) 죽도외일도(竹島外一島) 지적 편찬(地籍編纂)에 대한 질품서(質稟書)

죽도 소할(所轄)의 건에 대하여 도근현(島根縣)으로부터 별지(別紙)의 질품이 와서 조사한바, 해도(該島)의 건은 원록(元祿) 5년 조선인(안용복－인용자)이 입도(入島)한 이래 별지서류(別紙書類)에 적채(摘採)한 바와 같이, 원록(元祿) 9년 정월 제1호 구(舊)정부의 평의(評議)의 지의(旨意)에 의하여, 제2호 역관(譯官)에게 준 달서(達書), 제3호 해국(該國)에서 온 공간(公簡), 제4호 본방회답(本邦回答) 및 구상서(口上書) 등과 같은바, 즉 원록(元祿) 12년에 이르러 각각 왕복이 끝났으며 본방(本邦)은 관계(關係)가 무(無)하다고 들었지만, 판도(版圖)의 취사(取捨)는 중대한 사건이므로 별지서류를 첨부하여 위념(爲念)해서 품의합니다.

명치(明治) 10년 3월 17일
내무경(內務卿) 대구보리통(大久保利通) 대리(代理)
내무소보(內務小輔) 전도밀(前島密)
우대신(右大臣) 암창구시(岩倉具視)
전(殿)[4]

---

4) 《公文錄》, 內務省之部 1, 1877年 3月 17日條, "日本海內竹島外一島地籍編纂方伺" 참조.
日本海內竹島外一島地籍編纂方伺
竹島所轄之儀ニ付島根縣ヨリ別紙伺出取調候處. 該島之儀ハ元祿五年朝鮮人入島以來別紙書類ニ摘採スル如ク元祿九年正月第一號舊政府評

日本海内竹島外一島地籍編纂方伺

竹島ノ所轄之儀ニ付島根縣ヨリ別紙伺出取調
候處該島之儀ハ元祿五年朝鮮人入島以来別紙
書類ニ摘採スル如ク元祿九年正月舊政府
評議之旨意ニ依リ二号譯官ヘ達書三号該國
来柬四号本邦回答及ヒ口上書等之如ク則元祿
十二年ニ至リ夫々往復相濟本邦關係無之相聞
候得共版圖ノ取捨ハ重大之事件ニ付別紙書類
相添為念此段相伺候也

内務卿大久保利通代理
内務少輔前島密

明治十年三月十七日

内務省

右大臣岩倉具視殿

十六 第二十二號

伺之趣竹島外一島之儀本邦關係無之儀ト
可相心得事

明治十年三月廿九日

1877년 일본 내무성이 태정관에다 울릉도와 독도를 일본영토 地籍에 포함시킬 것인가에 대한 최종 결정을 요청한 질품서와, 태정관이 울릉도와 독도는 일본과 관계 없는 곳이라고 결정하여 내려보낸 지령문을 첨가 기록한 공문서.(일본국립공문서관 소장)

議之旨意ニ依リ二號譯官へ達書三號該國來柬四號本邦回答及ビ口上
書等之如ク則元祿十二年二至リ夫夫往復相濟本邦關係無之相聞候得
共版圖ノ取捨ハ重大之事件ニ付別紙書類相添爲念此段相伺候也.

明治 十年 三月 十七日

内務卿 大久保利通 代理

内務少輔 前島密

右大臣 岩倉具視殿"

일본 내무성은 이 품의서에서 죽도[울릉도]는 이름을 들고, 송도[독도]에 대해서는 '외의 한 섬'[外一島]으로 죽도의 부속 도서로서 이름 없이 취급한 다음, 품의서에 첨부한 별지 서류에서 '외의 한 섬'을 설명하여 "다른 외의 섬이 하나 있는데 송도라고 부른다. 둘레의 주위 30정보(町步) 정도이며 죽도와 동일선로에 있다"[5]고 하여 다른 한 섬이 송도[독도]임을 밝혔다. 당시 일본 내무성은 죽도[울릉도]가 문제이지 죽도의 부속 도서이며 사람이 살 수 없는 조그만 바위섬인 송도[독도]는 이름을 들 가치조차 없다고 보아 품의서에서는 '죽도 외의 한 섬'[竹島外一島]으로 취급하였던 것이다.

3. 일본 태정관의 독도 조선 영토 재확인

일본 국가최고기관인 태정관(右大臣 岩倉具視)은 내무성의 품의서를 검토한 후 1870년 3월 20일자로 "품의한 취지의 죽도 외 하나의 섬에 대하여 본방(本邦 ; 일본―인용자)은 관계가 없다는 것을 심득(心得)할 것"이라는 다음과 같은 지령문을 작성하여 결정하였다.

---

5)《公文錄》, 위의 자료 別紙文書.

명치(明治) 10년 3월 20일

대신(岩倉具視)의 인(印)

별지 내무성 품의 일본해내(日本海內) 죽도외일도(竹島外一島) 지적편찬의 건(地籍編纂之件).

위는 원록(元祿) 5년 조선인(安龍福 등을 말함－인용자)이 입도(入島)한 이래 구(舊)정부와 해국(該國 ; 조선－인용자)과의 왕복(往復)의 결과 마침내 본방(本邦 ; 일본－인용자)은 관계가 무(無)하다는 것을 들어 상신한 품의의 취지를 듣고, 다음과 같이 지령(指令)을 작성함이 가한지 이에 품의합니다.

지령안(指令按)

품의한 취지의 죽도외일도(竹島外一島)의 건에 대하여 본방(本邦)은 관계가 무(無)하다는 것을 심득(心得)할 것.[6]

---

6) 《公文錄》, 위의 資料의 1877年 3月 20日條 太政官指令文書.

明治 十年 三月 二十日

大臣 印 本局 印 印

參議 印

卿輔 印

別紙內務省伺日本海內竹島外一島地籍編纂之件. 右ハ元祿五年朝鮮人入島以來舊政府該國ト往復之末遂ニ本邦關係無之相聞候段申立候上ハ伺之趣御聞置左之通御指令相成可然哉. 此段相何候也.

御指令按

伺之趣竹島外一島之義本邦關係無之義ト可相心得事.

明治十年三月廿日　本局

大臣

参議

御名御璽

別紙内務省伺日本海内竹島外一嶋地籍
編纂之件右ハ元禄五年朝鮮人入嶋以来旧
政府該國ト往復之末遂ニ本邦関係無之相聞
候段申立候上ハ伺之趣御聞置左之通御指令
相成可然哉此段相伺候也

御指令按
書面竹島外一嶋之義本邦関係無
之義ト可相心得事
明治十年三月廿九日
本政官

内
二百四

1877년 일본 太政官이 울릉도와 독도를 조선영토라고 판단하여 "울릉도와 독도는 일본과 관계 없는 곳"이므로 일본 地籍에 포함시키지 말라는 결정을 내무성에 내려 보낸 공문서.(일본국립공문서관 소장)

이 태정관의 지령 안에서 죽도[울릉도]와 그 외의 한 섬(독도, 松島)이 '본방(本邦 ; 일본)과 관계 없다'는 것은 그 앞에 '위는 원록(元祿) 5년 조선인이 섬에 들어온 이래 해국(該國 ; 조선)과 왕복한(왕복문서 교환의) 결과' 일본과 관계가 없다고 전제한 기록에서도 알 수 있는 바와 같이, 그 두 섬이 '조선 영토'여서 일본과 관계가 없다고 명백히 밝혀 결정한 것이었다.

태정관 용지에 작성된 이 지령안에는 우대신(右大臣) 암창구시(岩倉具視)가 이를 승인하여 결정한 인장(印章)이 찍혀 있고, 그 밖에 이를 증인 결정한 사도종칙(寺島宗則) 대목교임(大木喬任) 등의 인장도 찍혀 있다. 태정관은 이 승인 결정된 지령문을 1877년 3월 27일 정식으로 내무성으로 보내 지령의 절차를 완료하였다.

일본 내무성은 이 지령문을 받자, 처음 태정관에 제출하였던 품의서 끝에다, "품의한 취지의 죽도 외 한 섬에 대하여 일본은 관계가 없다는 것을 심득할 것(伺之趣竹島外一島之儀本邦關係無之儀ト可相心得事). 명치 10년 3월 29일"[7]이라고 덧붙여서 이 안건 처리를 끝냈다. 내무성은 이 지령을 1877년 4월 9일자로 도근현에 송달 지시하여

---

7) 《公文錄》, 위의 資料의 1877年 3月 17日條, "日本海內竹島外一島地籍編纂方伺"의 後端添記.

현지에서도 이 문제는 완전히 매듭이 지어졌다.

결국 이 결정서는 ① 일본 최고국가기관인 태정관과 내무성이 1877년에 울릉도[竹島]와 독도[松島]가 조선 영토이지 일본 영토가 아니어서, 일본은 울릉도와 독도 영유에 관계 없음을 재확인하고 결정하여 공문서로 지령하였으며, ② 일본 정부에서 울릉도와 독도가 조선 영토라는 이러한 공식 결정을 내리기까지는 도근현에서 제출한 자료들뿐만 아니라, 17세기 말에 덕천막부가 조선 정부와 교환한 왕복문서들을 조사하고 독자적으로 정보와 자료를 수집하여 5개월간의 조사와 검토 끝에 내린 결정임을 명료하게 보여주고 있다.

위의 1877년 일본 〈태정관의 결정서〉와 앞에 든 《일본외교문서》의 1870년 〈조선국교제시말내탐서〉는 울릉도와 독도가 조선 영토이며 일본 영토가 아니라는 사실을 분명하게 증명해 주는 것이다. 그리고 이것은 일본의 명치 정부도 울릉도와 독도가 조선 영토라는 사실을 재확인하여 결정하였음을 증명하는 것이라 할 수 있다.

4. 일본 육군성과 해군성의 독도 조선 영토 재확인

당시 일본 군부도 울릉도와 독도가 조선 영토라는 사

실을 잘 인지하여 인정하고 있었음은 물론이다. 일본 육군성은 1875년 독도가 조선 영토임을 재확인하였다. 일본 육군성 참모국이 1875년(明治 8)에 편찬 발행한 지도 〈조선전도〉(朝鮮全圖)를 보면, 죽도[울릉도]와 함께 송도[독도]를 이 지도의 오른쪽 선 밖을 굳이 넓혀가며 그려 넣었다. 만일 일본 육군성이 독도를 조선 영토가 아니라 일본 영토로 간주하였다면, 〈조선전도〉의 오른쪽 선을 울릉도만 포함된 직선으로 긋지, 선 밖에 있는 독도를 구태여 직선을 긋지 못하면서까지 반드시 포함시키려고는 할 필요가 없었을 것이다.

일본 해군성도 1876년에 독도가 조선 영토임을 확인하였다. 일본 해군성 수로국은 러시아 군함들과 영국 군함들이 측량하여 작성한 지도들을 번안하고 종합하여 1876년에 〈조선동해안도〉(朝鮮東海岸圖)를 편찬하였는데, 이 지도에서 일본 해군성은 독도를 조선 영토에 포함시켰을 뿐만 아니라, 러시아 군함이 독도를 3.5마일 정북 방향에서 그린 그림, 북서 10도 방향 5마일 거리에서 그린 그림, 북서 61도 방향 14마일 거리에서 그린 그림을 마치 사진으로 찍은 것처럼 정확하고 선명하게 그려서 지도의 오른쪽 중간 하단에 게재하였다. 만일 일본 해군성이 독도를 조선 영토가 아닌 일본 영토로 간주하였다면 독도를 조선 동해안에 넣거나, 특히 이 '독도 그림'을 조선 동해안에 넣을 필요는 전혀 없었으며, 일본 본주(本州) 서북 해안에 넣었을 것이다.

일본 해군성 수로국은 그 후 1887년에 〈조선동해안도〉의 재판을 낸 것을 비롯하여 그 후 판을 거듭하면서 1905년에 들어설 때까지 독도를 조선 영토로 인지하고 인정하여 〈조선동해안도〉에 포함시켰다.

일본 명치 초기의 태정관·외무성·내무성·육군성·해군성 자료들이 명료하게 공문서로, 또는 지도로써 독도가 한국 영토이지 일본 영토가 아니라는 사실을 논쟁의 여지가 없도록 극명하게 증명해 주고 있는 것이다.

이 시기에 독도와 관련해서 주목해야 할 것은 독도에 대한 일본 호칭이 종래의 '송도'로부터 '리앙꾸르도'로 달라지기 시작하였다는 사실이다.

일본에서는 1876년에 무등평효(武藤平孝)란 사람이 동해 가운데에 조선의 울릉도가 아니면서 자연자원이 풍부한 큰 섬을 발견하였다고 떠들면서 외무성에 〈송도개척원〉(松島開拓願)을 신청한 일이 있었다. 일본 외무성은 조선의 울릉도를 죽도로, 우산도[독도]를 송도라고 부르면서 이것을 조선의 영토로 확인하고 있었으며, 송도(우산도, 독도)는 사람이 살 수 없는 작은 바위섬인 줄

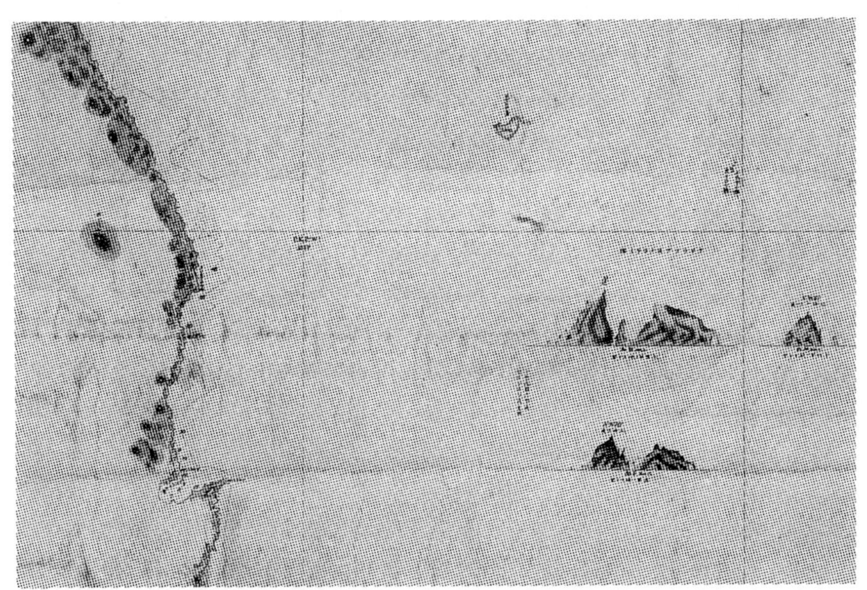

일본 해군성이 편찬한 〈朝鮮東海岸圖〉(1876, 部分). 이 지도는 독도를 두 방향에서 그린 그림까지 넣어 독도가 조선영토임을 명백히 표시하고 있다.(서울대도서관 규장각 소장)

알고 있었는데, 자연자원이 풍부하고 사람이 살 수 있는 큰 섬을 발견하였다고 주장하므로 해군성에 조사를 의뢰하였다.

　일본 해군성은 1880년 9월 처음으로 군함 천성환(天城丸)을 파견하여 이를 실측해 본 결과 무등평효가 발견하였다는 신도인 '송도'는 다름 아닌 조선의 울릉도이므로, 외무성에 통보하여 무등평효의 〈송도개척원〉을 없었던 것으로 하고, 울릉도의 실측 결과를 〈조선국동해안약기〉(朝鮮國東海岸略記)로 발표하였다.[8] 그러나 이 이후부터 일본 해군성에서는 그들이 최초로 실측한 '송도'의 명칭에 집착해서인지 울릉도를 송도라고 부르고, 그때까지 조선의 우산도[독도]를 송도라고 호칭하던 것을 바꾸어 '리앙꾸르도'라고 서양 호칭을 택하여 부르기 시작하였다.[9] 이것이 일본 어민들 사이에서도 점차 보급되어 대략 이 시기부터는 울릉도를 '송도'로, 독도[우산도]를 프랑스말의 일본발음 표기로서 '리앙꾸르도'로 호칭하게 되었다. 그러나 이 시기에도 우산도(독도, 리앙꾸르島)가 조선 영토임을 일본 해군성이나 일본 어부들이 모두 알고 있었음은 물론이다.

---

8) 日本海軍省水路局, 《水路雜誌》第16號, 1879, pp. 24~26 참조.
9) 西勢東漸의 시기에 당하여 18세기 후반부터 서양 선박들이 東海에도 들어와서 우리나라의 영토에 그들 탐험대가 작명한 호칭을 붙이기 시작했다. 1849년에 프랑스의 리앙꾸르(Liancourt)號가 獨島[于山島]를 보게 되자 리앙꾸르岩(Liancourt Rocks)이란 이름을 붙였다. 1854년에는 러시아 군함 팔라다(Pallada)號가 푸차친(Putiatin)의 지휘하에 獨島를 측정하고 마날라이·올리브차岩(Manalai and Olivutsa Rocks)이라는 이름을 붙였으며, 1855년에는 영국 군함 호네트(Honet)號가 해군중령 파시드(Charles Cobrington Farsyth)의 지휘하에 獨島를 측정 관찰하고 호네트岩(Hornet Rocks)이라는 이름을 붙였다.

제 7 장
조선왕조의 공도정책 폐기와 울릉도·독도 재개척

1. 개항 직후 일본인들의 울릉도·독도 침입

조선왕조의 울릉도·독도에 대한 정책은 19세기에 들어와서도 공도정책과 수토정책(搜討政策)이 기본이었지만, 조선의 동해안과 남해안 어부들은 여전히 울릉도와 독도에 출어하고 있었다.

일본측에서는 덕천막부시대에는 울릉도(독도 포함)에서의 출어를 비교적 엄격히 금지하였지만, 1868년 명치정권이 수립됨과 동시에 정한론(征韓論)과 대외팽창이 고취되자 일본 어부들의 울릉도 출어도 사실상 금지하지 않았다. 이에 따라 일본인들 가운데에는 울릉도에 불법적으로 출어할 뿐 아니라 일찍이 울릉도에 밀입도하여 삼림을 벌채해서 일본으로 실어가 판매하여 큰 이익을 취하는 사람들도 나타나게 되었다. 이 사실은 1881년 5월에 울릉도를 수토하던 조선 관리들에게 적발되어 강원도 관찰사를 통하여 중앙 정부에 보고되었다.[1]

조선 정부의 통리기무아문은 이 문제에 대한 대책으로, ① 일본 외무성에 항의문서를 보내어 일본인들의 울릉도 불법 침입의 금지를 요구하고, ② 울릉도를 지키기 위해 위해 부호군(副護軍) 이규원(李奎遠)을 울릉도 검찰사(檢察使)로 임명하여 현지에 파견해서 자세한 조사를 하도록 한 다음, 울릉도 공도정책의 폐기 여부를 검토하기로 결정하였다.[2] 이와 동시에 조선 정부는 1881년 5월에 즉각 일본 외무성에 항의문서로 일본인들의 울릉도 도항금지(渡航禁止) 조치를 요구하였다.

그러나 일본 외무성은 이에 대한 회답을 즉각 하지 않고 북택정성(北澤正誠)에게 죽도[울릉도] 영유권에 대한 조사를 부탁하였다. 북택은 광범위한 문헌 조사를

---

1) 《承政院日記》高宗 18年 5月 22日條 참조.
2) 李瑄根, 〈近世 鬱陵島問題와 檢察使 李奎遠의 探險成果 ─ 附錄, 李奎遠의 鬱陵島檢察日記·啓本草〉, 《대동문화연구》제 1 집(1963) ; 宋炳基, 〈朝鮮後期·高宗朝의 鬱陵島搜討와 開拓〉, 《崔永禧敎授華甲紀念 韓國史學論叢》(1987) 참조.

한 결과 죽도[울릉도]는 일본 영토 밖에 있는 조선 영토라는 결론을 내리어 〈죽도고증〉(竹島考證)을 짓고, 이를 요약한 보고서 〈죽도판도소속고〉(竹島版圖所屬考)를 1881년 음력 7월 26일 일본 외무성에 제출하였다.[3] 일본 외무성은 1881년 10월 24일에야 조선 정부에 일본인들이 울릉도에 건너가 벌목한 일이 있으나 지금은 철수하였다고 회답해 왔다.[4] 그러나 사실은 일본 정부는 어떠한 조치도 하지 않았으며, 일본 정부의 방임 아래 다수의 일본인들이 울릉도에 침입하여 벌목과 고기잡이를 여전히 자행하고 있었다.

2. 조선왕조의 공도정책 폐기

조선 정부는 1881년 5월 23일 이규원을 울릉도 검찰사로 임명하였으나,[5] 그때부터 출발 준비를 하여 울릉도에 가는 경우에는 이미 벌목철이 지나게 되므로, 그

---

3) 《日本外交文書》第14卷, 事項 10, 文書番號 161, 〈朝鮮國鬱陵島ノ儀ニ付　朝鮮政府ヘ送翰ノ儀上申ノ件〉, 附屬書 2, 〈竹島版圖所屬考〉, pp. 390~394 참조.
4) 《舊韓國外交文書》第1卷 日案, 文書番號 75, 〈日人의　鬱陵島伐木禁止의 件〉참조.
5) 《承政院日記》高宗 18年 5月 23日條 참조.

가 정작 울릉도를 향해 출발한 것은 이듬해인 1882년 4
월 10일이었다. 출발에 앞서 국왕을 찾아뵈는 자리에서
국왕 고종은 울릉도와 함께 우산도도 조사해 올 것을
지시하였다.[6]

검찰사 이규원 외 102명으로 구성된 조사단은 큰 풍
랑을 만나 놀란 경험을 한 후 1882년 4월 30일 울릉도
에 도착해서 7일간 도보로 섬 안을 조사하고, 2일간 배
편으로 울릉도의 해안을 한 바퀴 돌아 조사하였다. 그
러나 우산도는 울릉도 체류자들로부터 존재한다는 말만
듣고 풍랑이 두려워 검찰하지 못하였다.

이규원의 조사 보고에서 몇 가지 주요 내용을 정리하
면 다음과 같다.[7]

　(1) 본국인(조선인)은 모두 140명이 현재 울릉도에
들어와 있는데, 출신 도별로는 전라도가 115명(전체의
82%)으로 가장 다수이고, 강원도가 14명(10%), 경상도
가 10명(7%), 경기도가 1명이다.
　(2) 본국인의 직업을 보면 조선(造船, 採藿 포함)이
129명(전체의 92.2%), 약재 채취가 9명(6.4%), 예죽(刈
竹)이 2명(1.4%) 등이었다. 전라도(115명)와 강원도(14

---

6)《承政院日記》高宗 19年 4月 7日條 참조.
7) 李奎遠,《鬱陵島檢察日記》참조.

명)에서 온 사람들은 모두 13~24명씩이 1단(團)을 이루어 결막(結幕)을 하여 살면서 벌목을 해서 조선(造船)을 하고, 여기에 때때로 채곽(採藿), 어채(漁採)를 해서 조선(造船)이 끝나면 새로 지은 배에 싣고 돌아가고 있었다. 경상도에서 온 8명과 경기도에서 온 1명은 산삼(山蔘) 등 약재(藥材)를 캐고 있었다. 경상도에서 온 2명은 죽(竹)을 베고 있었다.

(3) 울릉도에 침입한 일본인은 모두 78명이었다. 그들은 모두 벌목(伐木)을 하러 들어왔고, 이규원(李奎遠)을 만나 필담(筆談)을 한 일본인들은 일본 정부의 울릉도 출어 금지령을 들은 바 없다고 응답하였으며, 그 태도는 매우 오만불손하여 울릉도를 조선 영토인 줄 모르며 일본 영토로 알고 있다고 말하는 자도 있었다. 울릉도의 장작지포(長斫之浦)의 통구미(桶邱尾)로 가는 해안에다 한 일본인이 길이 6척, 넓이 1척의 입표목(立標木)에 "대일본국(大日本國) 송도(松島) 규곡(槻谷) 명치(明治) 2년 2월 13일 암기충조(岩崎忠照) 건지(建之)"라고 써서 세워 놓은 것을 발견하였다.[8]

(4) 설읍(設邑)하는 경우의 경작 가능지로서는 나리동(羅里洞)이 길이가 10여 리요, 넓이 9리에, 1,000여 호를 살릴 수 있고, 이 밖에도 100~200호를 수용할 수 있는 곳이 6, 7처가 있음을 조사하였다. 또한 포구(浦口)는 14처가 있으며, 물산(物産)은 비교적 풍부함을

---

8) 위의 책, 高宗 19年 5月 6日條 참조.

설명하고, 대표적 토산(土産)으로 43종을 들어 보고하
였다.

국왕 고종은 1882년 6월 5일 울릉도 검찰사 이규원의
이러한 보고를 받고 ① 일본인들의 침입과 '대일본국
송도……'라고 한 표말에 대해 일본측에 항의문서를 보
내도록 하며, ② 울릉도 공도정책을 폐기하고 울릉도
개척을 속히 서둘러야 한다고 강조하였다.[9]

국왕의 명을 받은 영의정 홍순목(洪淳穆)은 임오군란
이 수습된 직후인 1882년 8월 20일 울릉도 개척 방안으
로서 ① 섬에 들어갈 백성을 모집하여 개간을 권장하며
5년간 면세토록 해주고, ② 영남·호남의 조운선(漕運
船) 만드는 것을 울릉도에 가서 하도록 공식적으로 허
락하며, ③ 검찰사의 천거(薦擧)를 받아 도장(島長)을 임
명하고, ④ 설진(設鎭)은 뒤로 미루고 먼저 설읍(設邑)의
방향으로 개척할 것을 건의하였으며, 국왕 고종은 이
건의를 받아들였다.[10]

이에 따라 조선왕조의 공도정책은 공식적으로 완전히
폐기되고, 울릉도 도장에 전석규(全錫奎)가 임명되었으

---

9) 李奎遠,《鬱陵島檢察日記》啓本草 참조.
10)《承政院日記》高宗 19年 8月 20日條 참조.

며, 조선 정부는 울릉도·독도의 본격적인 재개척을 시작하게 되었다.[11]

조선 정부는 이규원의 검찰 결과 여전히 일본인들이 울릉도에 침입하여 벌목하고 있음이 확인되었으므로 1882년 6월에 예조판서가 일본 외무성에게 법을 정하여 일본인들의 울릉도 불법 벌채를 엄금해 줄 것을 다시 요구하였다.[12] 수신사 박영효(朴泳孝)도 제물포조약(1882. 9. 22)을 체결하는 자리에서 일본 외무경에게 일본인의 울릉도 불법 침입과 무단 벌채를 강경하게 항의하고, 일본인들의 울릉도 철수를 요구하였다.[13]

일본 정부는 1882년 12월에 가서야 예조판서에게 이미 울릉도 도항 금지령을 내렸다는 회답을 보냈고,[14] 실제로는 이듬해 1883년 1월 22일에야 태정대신의 이름으로 울릉도 도항 금지령을 시달하였다.[15] 그러나 이것도 실제로 이미 울릉도에 침입하여 벌목하고 있는 일본인

---

11) 《江原監營關牒》第6冊, 壬午 9月 9日條 참조.
12) 《日本外交文書》第15卷, 事項 10, 文書番號 158, 〈邦人ノ 鬱陵島渡航 禁止ニ關シ上申ノ件竝ニ決濟〉, 附屬書 1, p. 291 참조.
13) 《修信使記錄》(使和記略) 高宗 19年 9月 20日條 참조.
14) 《日本外交文書》第15卷, 事項 10, 文書番號 159, 〈邦人ノ 鬱陵島渡航 禁止ニ關スル件〉, 附屬書 〈井上外務卿ヨリ 禮曹判書ヘ 答書案〉, pp. 291~ 294 참조.
15) 《日本外交文書》第16卷, 事項 10, 文書番號 125, 〈鬱陵島ニ 邦人渡航 禁止審査決議ノ件竝ニ決濟〉및 〈內達案〉, pp. 325~326 참조.

들을 철수시킨 것은 전혀 아니었다.

3. 조선왕조의 울릉도·독도 재개척

조선왕조는 울릉도·독도[우산도] 재개척을 적극화하기 위해 1883년 3월 16일 개화파 영수 김옥균(金玉均)을 동남제도개척사겸관포경사(東南諸島開拓使兼管捕鯨事)에 임명하였다.[16] 물론 개화파들이 이에 적극적이었기 때문이다. 이때 김옥균의 직함을 '울릉도개척사'라고 하지 않고 '동남제도개척사'라고 하여 '제도'(諸島)를 넣은 것은, 울릉도뿐만 아니라 우산도[독도] 재개척도 포함하였기 때문이었다.

김옥균의 책임하에 울릉도·독도 재개척정책이 적극적으로 실행되었다.

첫째, 정부 주도하에 먼저 강원도 지방에서 7, 8호와 경상도 지방에서 10여 호를 이주시키고,[17] 뒤이어 전라도 지방 등으로부터 1883년 4월 1, 2차로 16호 54명을 울릉도에 이주시켰다. 조선 정부는 이때 식량 및 곡식의 종자와 가축은 물론이요, 설읍설촌(設邑設村)을 위해

---

16)《高宗實錄》高宗 20年 3月 16日條 참조.
17) 禹用鼎,《鬱島記》참조.

작업할 목수와 대장장이들을 함께 실어 보내고, 방어용 총검 등 무기도 실어 보냈다.[18] 이들은 들어가는 즉시 농지개간에 착수하여 3개월 후인 1883년 7월에는 310두락의 농경지를 개간하게 되었다.[19] 정부의 이러한 적극적 사민정책은 본토 해안 주민들에게 큰 자극을 주어 자발적 이주민들이 날로 증가하게 되었다.

둘째, 정부와 개척사의 강경한 항의와 교섭으로 일본 정부로 하여금 울릉도에 있는 모든 일본인들을 하나도 남김 없이 모두 실제로 철수하게 하였다. 조선 정부의 강경한 항의와 적극적 사민정책을 본 일본 내무성은 1883년 9월 관리들과 순경 31명을 월후환(越後丸)이란 배로 울릉도에 파견하여 울릉도에 들어와 있는 일본인 254명을 모두 이 배에 실어 데리고 돌아감으로써 울릉도에는 일본인들이 한 명도 남지 않게 되었다.[20] 이것은 울릉도 재개척 사업의 큰 성과였다.

---

18) 《光緖九年四月日　鬱陵島開拓時船格糧米雜物容入假量成冊》및 《光緖九年七月日　江原道鬱陵島新入民戶人口姓名年歲及田土起墾數爻成冊》 참조.
19) 《光緖九年七月日　江原道鬱陵島新入居民戶人口姓名年歲及田土起墾數爻成冊》참조.
20) 《日本外交文書》第16卷, 事項 10, 文書番號 132, 〈檜垣少書記官報告 鬱陵島近況差進ノ件〉및 文書番號 133, 〈鬱陵島引上者ノ處置ニ關スル件〉, pp. 311~338 참조.

셋째, 정부와 개척사는 일본인들이 완전히 돌아간 이후에 정부의 허락도 없이 미곡을 대가로 받고 일본인의 벌채와 일본 밀반출을 허용한 울릉도 도장 전석규를 파면하고 처벌하였다.[21] 이것은 울릉도·독도를 지키려는 조선 정부의 확고부동한 의지를 보여 일본인들과 조선 관리들에게 다 같이 큰 경종이 되었다.

1883년부터 시행해 온 조선 정부의 울릉도 사민정책은 일단 성공을 거두었으며, 울릉도 주민들은 독도[우산도]에도 나아가 그들의 어로활동을 하였다. 독도는 다시 울릉도 주민의 생계 터전의 하나가 되었던 것이다.

개화당의 갑신정변(1884. 12)이 실패하여 김옥균 등이 일본으로 망명한 후에 수구파 정부는 울릉도에 전임 도장(專任島長)을 두지 않고, 평해군(平海郡)의 삼척포진(三陟浦鎭) 관월송포수군만호(管越松浦水軍萬戶)가 겸임으로 울릉도를 관장하게 하였다.

그러나 1894년 갑오경장이 일어나자 개화파 정부는 다시 울릉도에 전임도장제를 부활하여, 1895년 8월에는 도장의 명칭을 도감(島監)으로 고치고 판임관(判任官) 직급으로 하여 배계주(裵季周)를 초대 도감으로 임명하였다.[22] 이것은 울릉도의 지방제도상의 지위가 크게 격상

---

21) 《高宗實錄》高宗 21年 正月 11日條 참조.

된 것이었다.

1896년 2월 '아관파천'이 일어나자 갑오경장 정부는 붕괴되고 국왕 고종이 러시아 공사관에 머무는 동안, 제정 러시아는 1896년 9월 압록강·두만강 유역 및 울릉도의 삼림벌채권(森林伐採權)을 이권(利權)으로 빼앗아 갔다.

이러한 사이에도 본토로부터 한국인의 울릉도 이주는 눈에 띄게 증가하여, 1897년 3월 현재 모두 12개 동, 리에 호수가 397호, 인구수가 1,134명(남자 662명, 여자 472명), 개간된 농경지가 모두 4,775두락에 달하게 되었다.[23]

이와 병행하여 청·일전쟁에서 일본이 승리한 이후부터는 일본인들이 다시 울릉도에 공공연히 불법 침입하여 삼림 벌채를 자행하였다.

주한 러시아 공사는 대한제국 황제로부터 자기들이 울릉도 삼림벌채권을 획득하였는데, 일본인들이 울릉도의 삼림을 불법 벌채해 가는 것은 용납할 수 없다고 하여 1899년에는 외교문서로 대한제국 외부에 항의해 왔으므로, 일본인들의 울릉도 삼림 불법 벌채는 외교 문

---

22) 《高宗實錄》高宗 32年 8月 16日條 참조.
23) 《독립신문》1897년 4월 8일자, 〈외방통신〉참조.

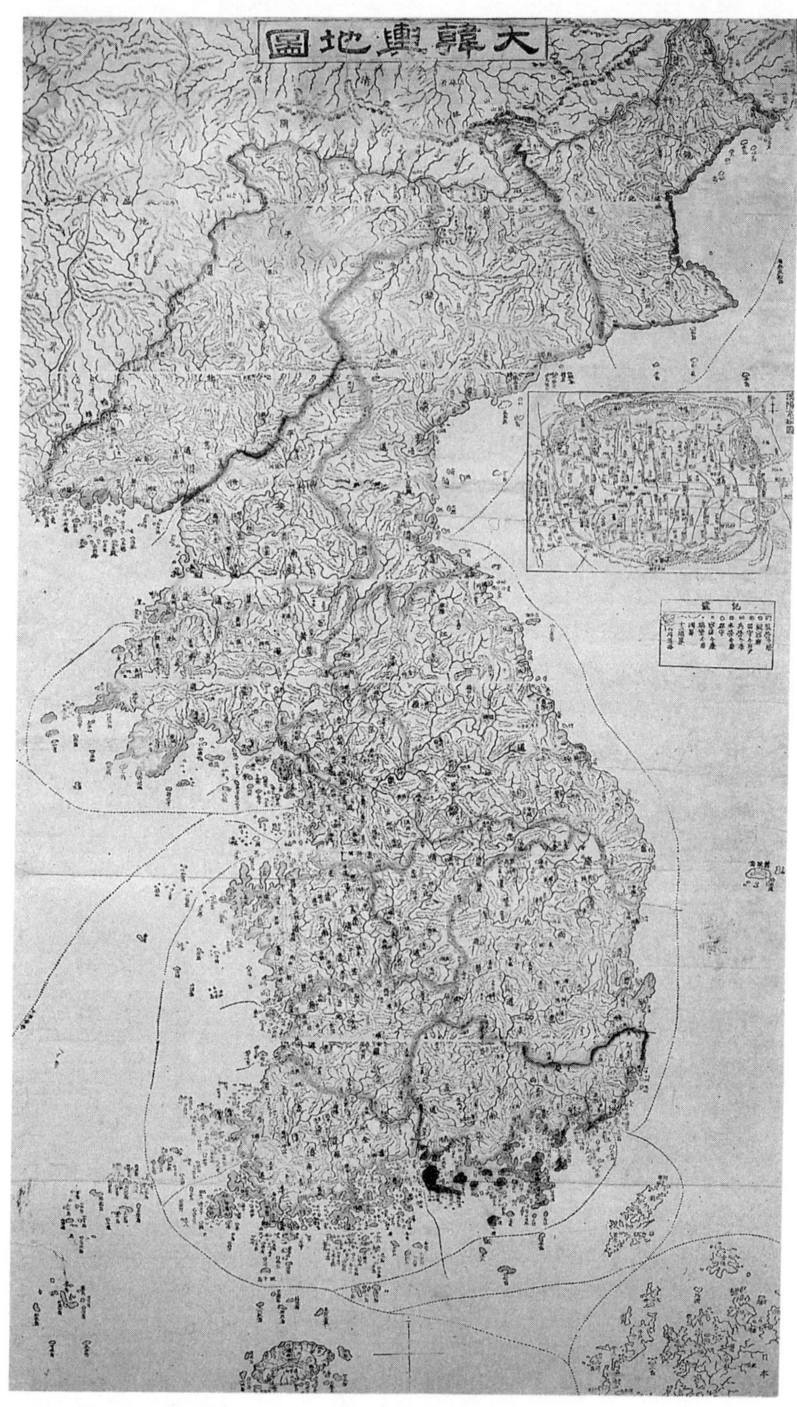

대한제국 학부의 〈大韓輿地圖〉(1898) 독도(우산도)를 울릉도 동쪽 정확한 위치에 그렸고, '于山'이라고 써놓아 대한제국 영토임을 명백히 하였다. (서울대도서관 규장각 소장)

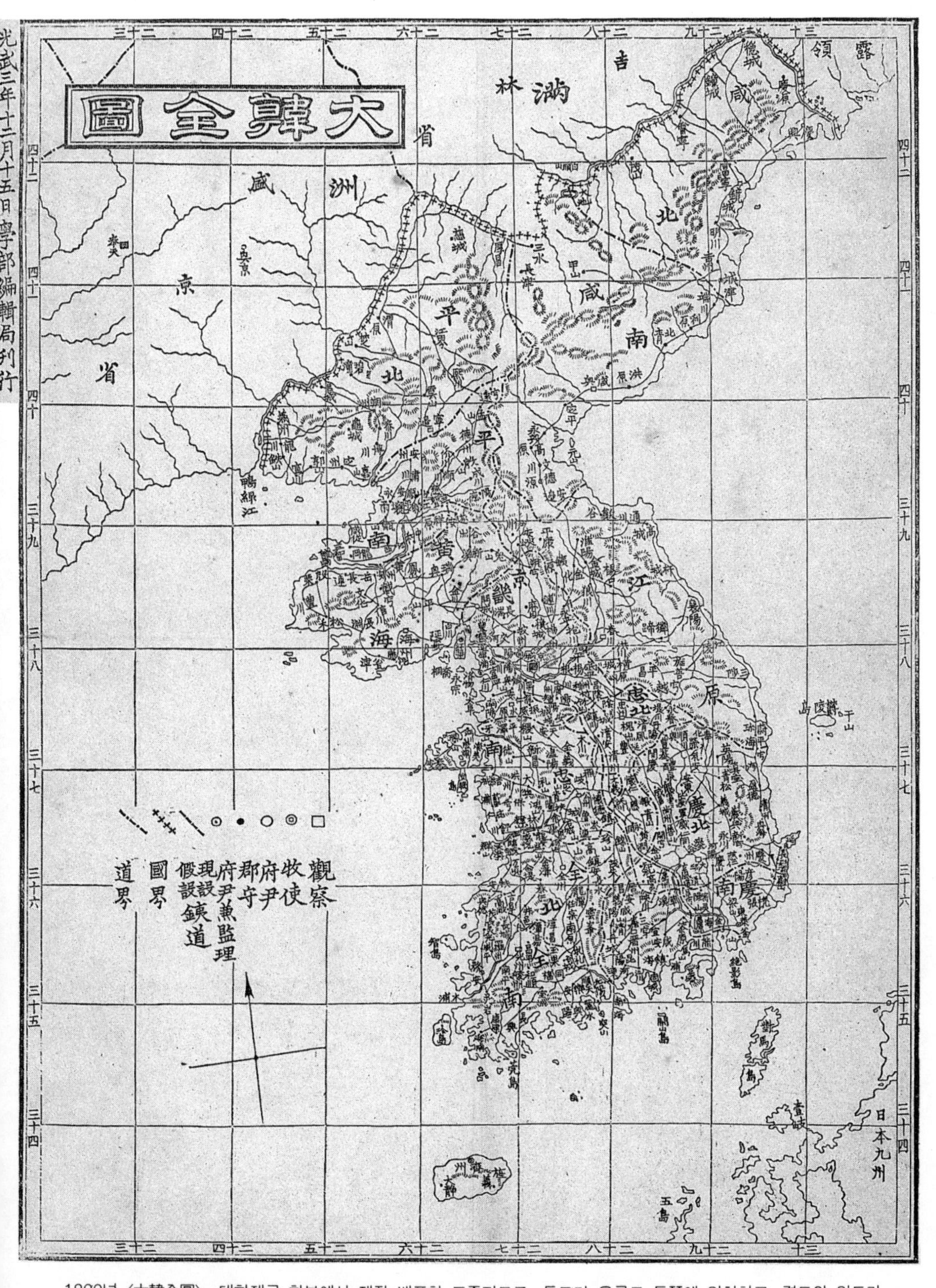

1899년 〈大韓全圖〉. 대한제국 학부에서 제작 배포한 표준지도로, 독도가 울릉도 동쪽에 위치하고, 경도와 위도가 당시의 기준으로 표시되어 있다.(李 燦 소장)

제로까지 번져갔다. 그리고 대한제국 정부는 이제 이에 대한 대책을 긴급히 수립할 필요를 절실히 느끼게 되었다.

이 시기에도 물론 조선왕조는 울릉도뿐만 아니라 독도에 대해서도 통치권을 행사하고 있었다. 대한제국 학부에서 1898년 간행한 〈대한여지도〉(大韓輿地圖)와 1899년에 간행한 〈대한전도〉(大韓全圖)는 울릉도 동쪽의 정확한 위치에다 독도를 그려 넣고 '우산도'(于山島)라고 표기하였다.

제8장
대한제국의 울릉도·독도 행정구역 개정

1. 울릉도의 일본인 침입 실태 공동조사

조선왕조의 국호가 대한제국으로 개정된 후, 일본인들의 울릉도 불법 침입과 삼림 벌채가 더욱 심각한 문제로 되자, 대한제국 정부는 1899년 10월 내부관리 우용정(禹用鼎)을 책임자로 한 조사단을 울릉도에 파견하고, 일본측에서도 조사위원을 파견하여 공동조사 해서 일본인 침입 문제에 대한 대책을 수립하기로 하였다.[1] 이때 대한제국 정부는 이 조사단에 부산해관 세무사로

---

1) 禹用鼎, 《鬱島記》참조.

있던 프랑스인 라뽀르테(E. Laporte)를 동행시켜 국제적 보증을 확보하려고 하였다.[2]

우용정 일행은 1900년 5월 31일 울릉도에 도착하여 6월 1일부터 5일간 현지조사를 수행하고 귀환해서 보고서를 제출하였다. 우용정의 조사보고서에 의하면 조사 당시 울릉도에 체류중인 일본인은 144명이며, 방대한 규모의 삼림 벌채를 자행하고 있었다.

우용정 일행의 순시 도중에도 일본 상선(商船) 4척이 들어왔으므로, 이튿날 탐문해 보니 도끼와 톱 등의 장비를 갖추고 벌목장인(伐木匠人) 40명과 그 외의 공장(工匠) 등 모두 70여 명이 또 들어왔다고 하였다.

우용정은 일본인들의 불법 벌목이 극심하고 폭력행사와 방자한 행태도 점점 심해져 가는데 도감은 단신공권(單身空拳)이므로 이를 금지시키고자 해도 할 수 없는 형편임을 보고하였다. 그리고 일본인들의 잠입이 조약위반이니 일본공사에게 항의하고 요구하여 일본인들을 철수시켜야 울릉도민을 보호할 수 있고 삼림을 보호할 수 있다고, 적극적 대책을 시행할 필요가 절실함을 건의하였다.[3]

---

2) 《內部來去案》第13冊, 光武 4年 6月 19日條 〈照會 第12號〉및 6月 26
   日條 〈通牒 第12號〉참조.

우용정이 귀환한 직후 울릉도의 사태는 더욱 악화되었다. 우용정이 울릉도를 떠난 다음날에도 일본 상선 5척이 울릉도에 불법 침입해서 대규모의 불법 도발을 자행하는 형편이었다.[4]

대한제국 정부의 항의에 대해서도 주한 일본공사는 일본인들의 울릉도 잠입은 도감의 묵인 아래 이루어지는 일일 것이라고 주장하며 요구에 응하지 않았다.[5]

2. 1900년 대한제국 칙령 제41호와 울도군 설치

대한제국 내부는 이에 적극적 대책의 일환으로 울릉도·독도를 지방행정구역상 독립된 군으로 승격시켜 도감 대신 군수를 두어서 개정하는 청의(請議)를 의정부 회의(내각회의)에 제출하여,[6] 1900년 10월 24일에 8대 0이라는 만장일치로 통과시켰다.[7]

이에 대한제국 정부는 1900년 10월 25일자 '칙령(勅

---

3) 禹用鼎,《報告書》(鬱陵島査覈) 참조.
4)《內部來去案》第13冊, 光武 4年 7月 5日條〈照會 第14號〉참조.
5)《內部來去案》第3冊, 光武 4年 9月 12日條〈照覆〉및 9月 15日條〈照會〉참조.
6)《名部請議書存案》第17冊, 光武 4年 10月 22日條 참조.
7)《奏議》第47冊, 光武 4年 10月 24日條 참조.

슈) 제41호' 전문 6조로 된 '울릉도를 울도로 개칭하고 도감을 군수로 개정한 건'을 반포하고, 《관보》(官報)에도 게재하였다.

칙령 제41호

울릉도(鬱陵島)를 울도(鬱島)라고 개칭(改稱)하고 도감(島監)을 군수(郡守)로 개정(改正)한 건

제1조 : 울릉도를 울도라 개칭하여 강원도에 부속하고 도감을 군수로 개정하여 관제 중에 편입하고 군등(郡等)은 5등으로 할 사.

제2조 : 군청(郡廳) 위치는 태하동(台霞洞)으로 정하고 구역은 울릉 전도(全島)와 죽도(竹島) 석도(石島)를 관할(管轄)할 사.

제3조 : 개국(開國) 504년 8월 16일 관보(官報) 중 관청사항(官廳事項)란 내 울릉도 이하 19자를 산거(刪去)하고, 개국 505년 칙령 제36호 제5조 강원도 26군의 6자는 7자로 개정하고 안협군(安峽郡) 하(下)에 울릉도 3자를 첨입(添入)할 사.

제4조 : 경비는 5등군으로 마련하되 현금간(現今間) 인즉 이액(吏額)이 미비(未備)하고 서사(庶事) 초창(草創)하기로 해도수세중(該島收稅中)으로 우선 마련할 사.

제5조 : 미진한 제조(諸條)는 본도개척(本島開拓)을 수(隨)하야 차제(次第) 마련할 사.

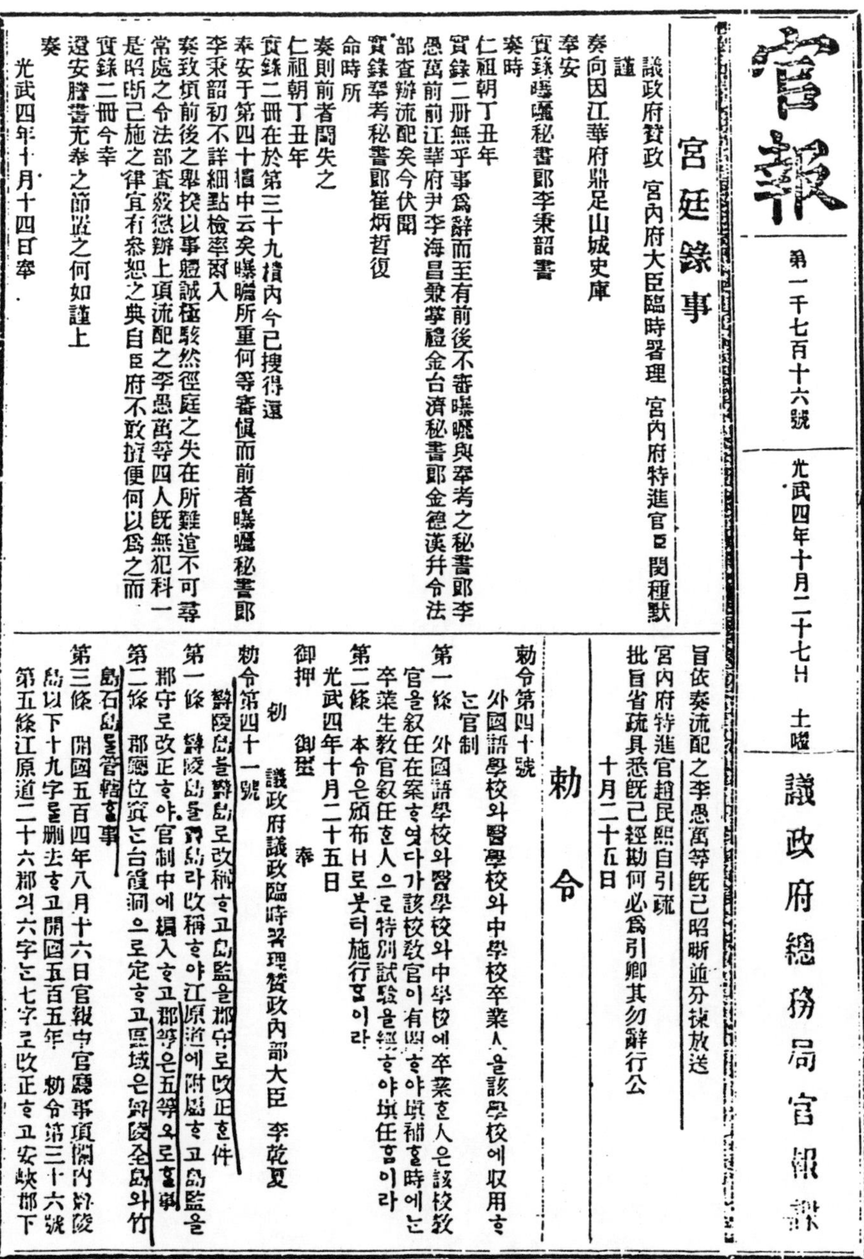

官報

第一千七百十六號　｜　光武四年十月二十七日　土曜

議政府總務局官報課

冒依奏流配之李愚萬等旣已昭晳並分揀放送

宮內府特進官趙民熙自引疏

批旨省疏具悉旣已經勘何必爲引卿其勿辭行公

十月二十五日

宮廷錄事

議政府贊政　宮內府大臣臨時署理　宮內府特進官ㅇ　閔種默

謹

奏向因江華府鼎足山城史庫

奉安

寶籙臨曬秘書郎李秉韶書

奏時

仁祖朝丁丑年

寶籙二册無乎事爲辭而至有前後不審曝曬與奉考之秘書郎李

愚萬前前江華府尹李海昌衆寧禮金台濟秘書郎金德漢幷令法

部查辦流配矣今伏閱

寶籙率考秘書郎崔炳哲復

命時所

奏則前者閪失之

仁祖朝丁丑年

寶籙二册在於第三十九樻內今已搜得還

奉安于第四十樻中云矣曝曬所重何等審愼而前者曝曬秘書郎

李秉韶初不詳細點檢率爾入

奏致煩前後之擧挍以事體誠極駁然徑庭之失在所難逭不可尋

常處之令法部查緊懲辦上項流配之李愚萬等四人旣無犯科一

是昭晳己施之律宜有叅恕之典自臣府不敢擅便何以爲之而

寶籙二册今幸

遷安膽薔充奉之節蓝之何如謹上

奏

光武四年十月十四日宰

勅　令

勅令第四十號

外國語學校와醫學校와中學校卒業人을該學校에收用ᄒᆞᄂᆞᆫ官制

第一條　外國語學校와醫學校와中學校에卒業ᄒᆞᆫ人은該校敎官이有闕ᄒᆞᆫ時에ᄂᆞᆫ官을叙任在案ᄒᆞ엿다가該校敎官이有闕ᄒᆞᆫ時에ᄂᆞᆫ卒業生敎官叙任ᄒᆞᆫ人으로特別試驗을經ᄒᆞ야塡任ᄒᆞᆷ이라

第二條　本令은頒布日로붓터施行ᄒᆞᆯ이라

光武四年十月二十五日

御押　御璽　奉

勅

議政府議政臨時署理贊政內部大臣　李乾夏

勅令第四十一號

鬱陵島를鬱島로改稱ᄒᆞ고島監을郡守로改正ᄒᆞᆫ件

第一條　鬱陵島를鬱島라改稱ᄒᆞ야江原道에附屬ᄒᆞ고島監을郡守로改正ᄒᆞ야官制中에編入ᄒᆞ고郡等은五等으로할事

第二條　郡廳位寘ᄂᆞᆫ台霞洞으로定ᄒᆞ고區域은鬱陵全島와竹島石島를管轄할事

第三條　開國五百四年八月十六日官報中官廳事項欄內鬱陵島以下十九字ᄅᆞᆯ刪去ᄒᆞ고開國五百五年勅令第三十六號第五條江原道二十六郡의六字ᄂᆞᆫ七字로改正ᄒᆞ고安峽郡下

1900년 대한제국 칙령 제41호를 수록한 官報. 1900년 울릉도와 죽도(竹島), 석도[獨島]를 관할하는 행정 구역으로 울도군을 설치한다는 대한제국 칙령 제41호를 게재했다.

광무(光武) 4년 10월 25일
어압(御押) 어새(御璽) 봉(奉)
칙(勅) 의정부(議政府) 임시서리(臨時署理)
찬정(贊政)내부대신(內部大臣) 이건하(李乾夏)[8]

　대한제국의 이 칙령에 의하여 울릉도는 이제 강원도에 속한 독립된 군으로 승격되었으며, 초대 군수에는 도감으로 있던 배계주가 주임관(奏任官) 6등으로 임명되었다.[9]

　여기서 우리의 주제와 관련하여 주목할 것은 제2조의 울도군이 관할하는 "구역은 울릉 전도(鬱陵全島)와 죽도(竹島), 석도(石島)를 관할할 사"라고 한 부분이다. 여기서 죽도는 울릉도 바로 옆의 바위섬 죽서도(竹嶼島)를 가리키는 것으로 이규원의 《울릉도검찰일기》(鬱陵島檢察日記)에서 확인된다. 그리고 석도가 바로 독도를 가리키는 것이다.[10] 당시 울릉도 주민 가운데 다수는 전라도 출신 어민들의 이주로 형성되었는데, 전라도 방언으로는 '돌'[石]을 '독'이라고 하고 '돌섬'을 '독섬'이라 부른

---

8) 《舊韓國官報》(제1716호) 光武 4年 10月 27日자 참조.
9) 《舊韓國官報》(제1744호) 光武 4年 11月 20日자 참조.
10) 〈往復文書, 1953년 9월 9일자 韓國側 口述書 : 韓國政府見解(1)〉, 《資料集》, pp. 29~40 참조.

다는 것은 잘 알려진 사실이며, 대한제국 정부는 '독섬'을 의역하여 석도로 표기한 것이다. 그리고 이것을 음역한 표기가 바로 독도이다.

그러므로 '독도'(獨島 ; 石島)는 이미 1900년에 대한제국이 울릉도·독도를 승격시켜 울도군으로 개편할 때 울도군의 관할 소속 도서로 세계에 다시 한번 선포되고 《관보》에도 게재되었던 것이다. 이 사실은 독도의 영유권 귀속 문제와 관련하여 극히 중요한 사실임을 유의해 둘 필요가 있다.

3. 독도의 표기 — 석도(石島)와 독도(獨島)

종래 왕복문서와 학계의 연구는, 두 개의 커다란 돌바위로 구성된 우산도가 '돌섬'임을 보고, 전라도 출신의 초기 울릉도 이주민들에 의해 '독섬'이라고 불려진 것을, 유식자들이 한자로 표기할 때 뜻을 취하면 '석도', 음을 취하면 '독도'로 표기된다는 사실을 정확히 지적하였으나, 다른 사례로 이를 증명하지는 못하였다.

이제 몇 가지 방증(傍證)을 제시하면, 전라남도 완도군(莞島郡) 노화면(盧花面) 고막리(古幕里)에 있는 한 섬(미나리 서쪽에 있는 섬)은 돌이 많아서 민간인들이 '독섬'이라 불러오고 있는데 표기는 '석도'(石島)로 하고 있으며,[11] 충도리(忠道里)에 있는 한 섬(육도 남쪽에 있는 섬, 돌로 이루어짐)은 돌로 된 섬이라고 하여 지금도 '독섬'이라고 호칭하고 있는데, 행정관청에서 한자로 표기할 때는 '석도'(石島)로 표기하고 있다.[12]

또한 해남군(海南郡) 화원면(花原面) 산호리(山湖里)에 있는 섬은 민간인들이 '독섬'이라고 부르고 있는 것을 공식적으로는 '석호도'(石湖島)라고 표기해 오고 있다.[13]

한편 '독섬', '돌섬'의 경우에 민간인들은 '돌'이라는 뜻으로 '독섬'이라고 부르는 것을 음을 취하여 '독도'(獨島)로 표기하고 있는 사례로는, 전라남도 고흥군(高興郡) 남양면(南陽面) 오천리(五泉里)에 있는 한 섬(母女島 동남쪽에 있는 바위섬)을 들 수 있다. 이 섬은 돌로 된 섬이라고 하여 주민들은 '독섬'이라고 부르고 있는데, 옛날부터 한자로는 '독도'(獨島)라 표기되고 있다.[14]

또한 전라남도 신안군(新安郡) 비금면(飛禽面) 수치리(水雉里, 원수치리) 앞바다에는 돌로 된 두 개의 섬이 있어 북쪽에 있는 돌섬을 '위쪽에 있는 돌섬'이라는 뜻으

---

11) 한글학회 편,《한국지명총람》제15권, pp. 315~316 참조.
12) 위의 책, 제15권, p. 321 참조.
13) 위의 책, 제16권, p. 248 참조.
14) 위의 책, 제13권, p. 116 참조.

로 '웃독섬'이라고 불러 왔는데, 한자로는 '상독도'(上獨島)로 표기하며, 남쪽에 있는 돌섬을 '아래쪽에 있는 돌섬'이라는 뜻으로 주민들은 '아릿독섬'이라고 부르는데 한자로는 '하독도'(下獨島)로 표기하고 있다.[15]

이러한 호칭과 표기방식은 '섬'뿐만 아니라 '마을' 이름이나 '골짜기' 이름에서도 동일한 양식을 찾아볼 수 있다. 예컨대 전라남도 남해안 지방에는 '돌이 많은 마을'이란 뜻의 '독골'이라는 이름의 마을이나 골짜기가 많은데,[16] 이를 한자로 표기할 때 무안군(務安郡) 청계면(淸溪面) 월선리(月仙里)의 '독골'은 '석곡'(石谷)이라고 표기해 오고 있으며,[17] 장흥군(長興君) 장흥읍(長興邑) 덕제리(德堤里)의 '독골'은 '독곡'(獨谷)으로 표기해 오고 있다.[18]

즉 '독'의 뜻을 취하면 '석'이 되고 음을 취하면 '독'이 되는 것이다. 한국의 남해안에는 현재에도 '돌섬'이라는 뜻에서 주민들에 의해 '독섬'이라고 불리면서도 한자 표기가 아직도 없는 섬들이 다수 있다.

대한제국 정부가 1900년 10월 칙령 제41호에 의하여

---

15) 위의 책, 제14권, p. 467~468 참조.
16) 위의 책, 제15권, p. 531의 長興郡 長東面 萬年里의 '독골' 참조.
17) 위의 책, 제14권, p. 186 참조.
18) 위의 책, 제15권, p. 559 참조.

울릉도와 그 부속 도서를 하나의 군으로 독립시켜 울도
군을 설치하면서 '독도'[돌섬]를 '석도'로 표기한 방식은
프랑스 탐험선 리앙꾸르(Liancourt)호가 '독도'를 '리앙꾸
르암석'이라고 서양 이름을 붙인 명명방식과 유사하다.
이 프랑스 탐험선은 우산도='독도'를 자기 배의 이름을
따서 1849년에 리앙꾸르도(Liancourt 'Island')라고 하지
않고 리앙꾸르암(Liancourt 'Rocks')이라고 하여 암석
(Rocks)임을 강조하였는데, 이것을 울릉도 어민들과 대
한제국 관리들의 방식으로 보면 독도=석도='리앙꾸르
석(石)'인 것이다.

또한 주목할 것은 일본 해군성 수로국이 1882년(明治
15) 발행한 〈일지한선로이정일람도〉(日支韓船路里程一覽
圖)에서는 독도(Liancourt Rocks, 佛)를 아예 리앙꾸르
'석'(石)이라고 표기하여 수록하였다.

대한제국 내부는 관제를 개정하여 울릉도를 독립된
군으로 승격시킬 때 우용정의 복명서와 함께 부산해관
세무사로 고용되어 있는 프랑스인 라뽀르테(E. Laporte)
의 복명서도 참조하였다.[19] 그는 프랑스인이었기 때문에
서양인이 제작한 한국지도에 친숙한 인물이었을 것이
며, 우산도=독도를 서양인들이 리앙꾸르암석이라고

---

19) 《名部請議書存案》第17冊, 光武 4年 10月 22日條 참조.

부른다는 사실을 물론 잘 알고 있었을 것이다. 이 점까지 고려하면 대한제국 정부가 우산도=독도를 1900년에 '석도'(石島)라고 표기한 배경을 이해할 수 있을 것이다.

대한제국 정부가 울릉도와 그 부속 도서를 하나의 군으로 독립시켜 울도군을 설치하면서 '독도'를 한자로 표기할 때 의역하여 '석도'(石島)로 표기하였지만, 당시에도 한국인 주민들 사이에서는 음을 취하여 '독도'(獨島)라고도 표기되고 있었으며, '석도'와 '독도'가 병용되고 있었다.

보통 '독도'(獨島)라는 명칭은 일제가 '독도'를 대한제국 정부 몰래 1905년 2월 침탈한 이후에 이를 알게 된 울도군수 심흥택(沈興澤)이 1906년 3월에 중앙 정부에 올린 보고서에서 처음 사용한 것으로 알고 있으나, 그 이전부터 울릉도 주민들은 '독도'를 '독도'(獨島)라고 표기하고 있었다. 이것은 일본 해군이 '독도'(리앙꾸르岩石, 佛)의 침탈에 욕심을 내기 시작하여 군함 신고호(新高號)를 울릉도에 파견해서 처음으로 '독도'에 대한 탐문조사를 하였을 때인 1904년 9월의 보고에서 "리앙꾸르 암은, 한인은 이를 독도(獨島)라고 쓰고 본방(일본―인용자) 어부들은 줄여 리앙꾸르도라고 호칭한다"고 보고한 사실에서도 알 수 있다.

> 송도(울릉도-인용자)에서 리앙꾸르암 실견자(實見者)로부터 청취한 정보. 리앙꾸르암은 한인은 이를 독도라고 서(書)하고 본방(本邦) 어부들은 '리앙꾸르도'라고 호칭한다.[20]

그러므로 우리는 여기서 독섬[돌섬]=독도=석도=독도=리앙꾸르암석(Liancourt Rocks)임이 명백한 것이라고 단언할 수 있다.

그리고 대한제국 정부는 칙령 제41호에 의해 1900년 10월 25일 울릉도를 독립된 군으로 승격시켜 울도군으로 편성할 때 '독도'는 '석도'라는 이름으로 그 관할 부속 도서이며 울도군의 일부임을 전세계에 재차 공포하여 대한제국 강원도 울도군 석도가 되었던 것이다. 독도가 1900년에 대한제국의 지방관제 가운데 울도군 소속으로 《관보》에 게재되어 전세계에 공포되었다는 사실은 일본이 1905년 2월에 이를 무주지(無主地)로 간주하여 소위 '영토 편입' 운운한 것의 허구성과 불법성을 반증해 주는 것으로 특히 주목해야 할 사실이다.

---

20) 《軍艦新高行動日誌》1904年 9月 25日條.

4. 울도군의 발전

울도군이 1900년에 군으로 독립되어 독도가 울도 군
수의 관할하에 통치된 이후에도 울릉도에 불법적으로
들어온 일본인들은 철수하지 않았다.

울릉도는 울도군으로 승격되자 1901년 2월에 학교를
설립하였고,[21] 도민들은 일본인들의 행패를 받아가면서
도 그들의 도벌을 저지하려고 투쟁하였다.[22]

반면에 일본은 울릉도에 침입한 일본인들을 철수시키
기는커녕 도리어 한국 정부의 정책에 맞서 1901년 말에
는 일본인 단속을 구실로 일본 경찰관을 울릉도에 파견
시켜 주재시킬 계획을 추진하였으며,[23] 1902년 1월 영·
일동맹을 체결하는 데 성공하자 적극적 공세정책을 취
하여 울릉도에다 일본인 이주민 어촌을 세우는 정책을
채택하고, 1902년 3월에는 부산에 있는 일본 영사관의
일본 경부(警部) 1명과 순사 3명 등 4명의 일본 경찰관
을 울릉도에 파견하여 상주시켜서 일본경찰관 주재소

---

21) 《皇城新聞》1901年 9月 27日자, 〈雜報〉(鬱島學校) 참조.
22) 《皇城新聞》1901年 9月 18日자, 〈雜報〉(鬱島의 日人作梗) 참조.
23) 日本外務省記錄, 《鬱陵島ニ於ケル伐木關係雜件》1901年 12月 10日條,
　　〈鬱陵島在留民取締ノ爲メ警察官派遣ノ件上申〉참조.

(駐在所)를 설치하였다.[24]

　대한제국 정부는 1903년 4월 울도 군수에 심흥택을 임명 파견하여 이에 대처하게 하였는데, 울도 군수 심흥택은 부임하자마자 일본인들의 재목 벌채를 일체 금지하는 명령을 내렸다.[25] 그러나 급기야 일본인들의 불복과 행패가 일어나자 이를 다스리기 위해 대한제국도 중앙에서 순검 2명을 파견해 줄 것을 요청하였다.[26]

　또한 심흥택은 중앙 정부가 일본공사에게 일본인들을 울릉도에서 철수시키도록 항의하여 요구하고, 일본인들을 울릉도에서 실제로 철수시켜 줄 것을 요청하였다.[27]

　군수 심흥택은 울릉도에 주재한 일본 경찰관에게 일본인들의 기왕의 도벌도 불법이거니와 지금부터의 도벌을 우선 엄금시켜 달라고 요구하였는데, 일본 경찰은 울릉도에서 일본인들의 벌목이 이미 십수 년의 관습이 되었는데, 벌목금지를 요구하는 것에는 응할 수 없다고 거부하고,[28] 한국측이 금지시킬 의사가 있거든 서울의 일본공사에게 조회하여 금지시켜 보라고 오만불손하게

---

24)《皇城新聞》1902年 2月 28日자, 〈雜報〉(鬱島日巡査) 참조.
25)《鬱陵島ニ於ケル 伐木關係雜件》1903年 4月 28日條, 〈鬱陵島日本警
　　察官駐在所警部有馬高孝報告書〉참조.
26)《皇城新聞》1903年 7月 14日자, 〈雜報〉(派巡請壓) 참조.
27)《皇城新聞》1903年 7月 20日자, 〈雜報〉(鬱島形便) 참조.
28) 주 25)와 같음.

거절하였다.[29]

대한제국 정부는 이 보고를 받고 일본공사에게 개항 장이 아닌 울릉도에 일본 경찰관을 주재시킨 것은 명백한 조약 위반임을 지적하면서 일본 경찰관의 철수를 요구하였고, 일본 경찰의 발언을 규탄하는 항의 공문을 보냈다.[30]

대한제국 정부는 그 뒤에도 여러 차례 일본공사관에 일본인들의 울릉도에의 불법 침입·거류와 불법 벌목을 항의하였으나, 일본측은 이를 무시하고 실력으로 울릉도에 불법적인 일본 어촌을 설치하고 계속 도벌을 방조하면서 침략을 강화하고 있었고, 이러한 상태에서 1904년을 맞게 되었다.

그러나 이때까지 일본은 독도를 당연히 울릉도의 부속 도서로 알고 울릉도의 침략에 열중하였지, 독도를 울릉도에서 떼어내어 침략할 의도는 보이지 않았다.

---

29)《皇城新聞》1903年 8月 10日자, 〈雜報〉(鬱島報告) 참조.
30)《皇城新聞》1903年 8月 19日자, 〈雜報〉(據章峻照) 참조.

제 9 장
일본 해군의 독도 망루 설치계획과 독도 침탈

1. 일본의 러·일전쟁 도발과 한국주권 침탈정책

일본 제국주의자들은 대한제국을 침략하여 식민지화할 목적으로 1904년 2월 8일 러·일전쟁을 일으키고 2월 10일에는 러시아에 선전포고를 함과 동시에 대규모의 일본군을 대한제국의 영토 위에 불법 상륙시켜 수도 서울을 군사적으로 점령하였다.

일제는 이러한 일본군의 군사점령 아래에서 1904년 2월 23일 조선 영토를 러·일전쟁에 사용하기 위한 '제1차 한·일 의정서'를 강제 체결하였다. 6개조로 된 이 협정에는 일본군이 러·일전쟁 기간 조선의 토지를 일시 수용할 것을 강요하여 인정한 조항이 포함되어 있었다.

뿐만 아니라 일제는 1904년 4월 3일에는 조선에 불법 상륙시킨 일본군 가운데서 1개 사단을 차출하여 이른바 '한국주차군'(韓國駐箚軍)을 편성하였다. 이 한국주차군은 러·일전쟁에는 직접 참가하지 않고, 오직 일본의 침략에 대한 한국 민족의 저항을 탄압하는 일에만 종사하는 일본군이었다. 일제의 한국주차군은 처음에는 1개 사단 규모로 편성되었다가 곧 2개 사단 규모로 확충되었으며, 여기에 다시 수천 명의 헌병대를 추가하였다. 이것은 직접적으로 대한제국의 주권침탈에 투입된 막강한 일본군 무력이었다.

일제는 한국 주권침탈을 위한 현장의 무력이 정비되자, 1904년 5월 18일에 모든 조·러조약을 폐기하도록 강제하였다. 일제는 그리하여 러시아의 압록강·두만강 유역 및 울릉도 삼림벌채권을 폐기시키고, 울릉도를 러·일전쟁에 이용하기 시작하였다.[1]

일제는 1904년 6월 4일에 한국 동해안의 어채권(漁採

---

1)《日本外交文書》第37卷 第1冊, 事項 7, 文書番號 470,〈鴨綠江及豆滿江ノ水域竝ニ鬱陵島ノ森林伐採權獲得ニ關シ照會ノ件〉및 文書番號 473,〈鴨綠江及豆滿江ノ水域竝ニ鬱陵島ノ森林伐採權獲得ニ關シ回答ノ件〉, pp. 300~400, p. 403 참조.

權)뿐만 아니라 충청·황해·평안도 등 서해안의 어채
권까지 침탈해 갔다.

　뿐만 아니라 일제는 1904년 6월 6일 주한 일본공사
임권조(林權助)를 통해서 전국의 미개간지 점탈을 목적
으로 하는 '황무지개척권 위임계약안'(荒蕪地開拓權委任契
約案)이란 것을 요구해 왔다.[2] 이것은 일제의 한국토지
에 대한 침탈정책이 더 한층 가열화됨을 의미하는 것이
었다.

　일제는 이에 대한 한국 민족의 반대투쟁이 본격적으
로 일어나자, 1904년 7월 20일 서울과 그 일원에 일본
군의 군사경찰제도를 시행하고, 함경도에는 군정을 실
시하여 일본군이 직접 한국의 치안을 담당한다고 통고
해 왔다.[3] 즉 1904년 7월 하순부터는 일본군이 서울과
전국에 사실상 군정을 실시하고, 일본군이 한국인의 신
문·잡지의 글과 보도까지 사전 검열을 실시하였으며,
한국 민간인들을 일본 군법회의에서 재판하여 자의로
처형하는 만행을 자행하였다.

　한국은 이때부터 러·일전쟁이 완전히 종료되어 포츠

---

2)《日本外交文書》第37卷 第1冊, 事項 14, 文書番號 644, 〈未懇地開拓
　權取得方ノ件〉및 文書番號 662, 〈荒蕪地開拓問題處理狀況報告ノ件〉,
　pp. 569~588 참조.
3) 金允植,《續陰晴史》下卷, pp. 104~105 참조.

머스조약이 체결된 1905년 9월까지 일본군의 완전한 군정하에 놓여버린 것이었으며, 종전 직후에는 다시 을사조약이 강요되어 계속 일제에게 지배되었던 것이다.

그러므로 1904년 2월 8일 이후 1910년 8월 29일까지 대한제국이 일본과 체결한 모든 조약들과 일본군이 탈취한 이권 및 토지들은 모두 직접적으로 일본 군사력의 폭력과 탐욕에 의한 침탈로서, 한국측의 자발성이 전혀 없는 반드시 무효화되어야 할 제국주의 침탈의 한 부분이었다.

2. 일본 해군의 독도 망루 설치계획

일본 해군은 1904년 2월 8일 인천과 여순(旅順)에 정박해 있는 러시아 군함 각 두 척을 기습 공격하여 격침시킴으로써 서해안에서는 기선을 제압하였으나, 동해에서는 러시아의 블라디보스토크 함대가 남하하여 작전을 감행함으로써 러시아측이 기선을 잡아, 1904년 6월 15일에는 블라디보스토크 함대가 대마해협(對馬海峽)에 나타나서 일본 육군 수송선 2척을 격침시키기까지 하였다.[4)]

일본 해군은 모든 군함들에게 무선전신을 시설하는

작업을 서둘러 완료함과 동시에, 러시아 블라디보스토크 함대의 남하와 활동을 감시하기 위해 1904년 6월 21일 한국 동해안의 울진군(蔚珍郡) 죽변만(竹邊灣)을 비롯한 전략지점들에 무선전신을 가진 망루(望樓)를 설치하도록 명령하였다.[5]

이에 울릉도의 부속 도서로 일제로부터 주목받지 못하였던 독도가 일본 해군의 망루 설치대상 전략지점으로써 새로이 주목을 받게 되었던 것이다.

일본 해군은 1904년 6월 21일, 바로 죽변의 망루 설치공사를 시작하였다.[6] 그리고 일본 해군은 7월 5일에는 울릉도에도 서북부와 동남부 각 1개소에 2개의 망루를 설치하고, 죽변과 울릉도 사이에는 (무선전신뿐만 아니라) 해저전선을 부설하여 연결하도록 하였다.[7] 죽변의 망루는 1904년 6월 27일에 공사가 시작되어 그해 7월 22일 마무리되고, 8월 10일부터 업무를 개시하였다.[8]

---

4) 日本海軍軍令部,《極秘 明治三十七八年海戰査》第 4 部 第 4 卷, p. 236 참조.

5) 위의 책, p. 10 참조.

6)《日本外交文書》第37卷 第 1 冊, 事項 15, 文書番號 723,〈江原道 蔚珍郡竹邊竝＝當地絶影島＝望樓臺建設ノ件〉, pp. 622~632 참조.

7) 日本海軍軍令部, 앞의 책, p. 11 참조.

8) 위의 책, p. 226 참조.

울릉도의 동·서 2개의 망루는 1904년 8월 3일 공사
가 시작되어 그 해 9월 1일 마무리되고 9월 2일부터 업
무를 개시하였다.[9] 그리고 죽변과 울릉도 사이의 해저
전선 부설은 9월 8일 착공되어 9월 30일 완공되었다.[10]

일본 해군은 이곳뿐만 아니라 이 시기를 전후해서 원
산(元山), 제주(濟州), 울산(蔚山), 절영도(絶影島), 거문도
(巨文島), 홍도(鴻島), 우도(牛島) 등 한국 해안 전역에 20
개의 망루 설치를 추진하였다.

일본 해군은 울릉도에 이어서 독도에도 망루를 설치
하기 위한 조사작업을 시작하였다. 일본 해군 군령부의
명령을 받은 군함 신고호(新高號)는 1904년 9월 25일자
의 청취조사 보고에서 ① 독도가 망루 설치에 적합한
지형이며, ② 지난 6월 17일경 러시아 군함 3척이 독도
부근에 나타나서 일시 독도에 표박한 후 북서쪽으로 항
진하였다고 보고하였다.[11]

일본 해군은 러시아 군함 3척이 독도 부근에 표박하
였던 사실에 더욱 큰 자극을 받고 군함 대마호(對馬號)
에게 1904년 11월 13일 "리앙꾸르도가 전신소(무선전신

---

9) 위의 책, p. 239 참조.
10) 위의 책, pp. 56~57 참조.
11)《軍艦新高戰時日誌》1904年 9月 25日條 참조.

소가 아님) 설치에 적합한가 아닌가를 시찰할 것"[12]을
명령하였다. 대마호는 1904년 11월 20일 오전 7시 20분
독도에 도착하여 부함장과 군의장을 독도에 상륙시켜서
약 3시간 동안 독도를 조사하고 돌아갔다. 그 조사 보
고의 요점은 ① 서도의 동쪽면의 하반과, ② 동도 남단
의 평탄지가 망루 설치의 후보지이며, ③ 식수(食水)의
결핍이 가장 큰 문제점으로서 망루를 설치하는 경우에
도 식수는 다른 곳에서 공급해야 할 것이라는 내용이
었다.[13]

　당시 일본 해군은 러·일 해전에 대비하기 위해 바다
가운데라도 망루를 설치하고 싶은 시기였으므로 독도의
이런 정도의 조건이면 망루를 설치하여 러시아 함대의
이동을 감시하고 통신시설을 강화하는 것은 어려운 일
이 아니었다. 사나운 겨울 날씨로 이듬해 봄을 기다리
면서 일본 해군은 한국 영토인 독도에도 망루를 설치하
기로 하고 독도 망루 설치계획을 추진하였다.

---

12) 《軍艦新高戰時日誌》1904年 11月 13日條 참조.
13) 日本海軍軍令部, 《極秘　明治三十七八年海戰史》第4部　第4卷, 附錄
　　〈備考文書〉第67號, pp. 366~367 참조.

3. 일본어업가의 독도 어업독점권 신청계획과 일본 정부의 계획 변경 요구

일본 해군성이 독도 망루의 설치계획을 추진하는 중에 일본 해군성은 도근현에 거주하는 중정양삼랑(中井養三郎)이라고 하는 어업가의 독도[리앙꾸르島] 어업독점 출원(漁業獨占出願)에 접하게 되었다. 이에 독도가 한국 영토이지만 한국인이 거주하지 않는 무인고도(無人孤島)이므로, 이 기회에 아예 독도를 침탈해서 일본 영토로 편입하여 해군 망루를 설치하려는 일본 제국주의자들의 공작이 급속히 진전되었다.

중정양삼랑의 이력서를 보면, 그는 일찍이 잠수기(潛水器)라고 하는 당시로서는 새로운 장비를 구입해서 1890년부터 외국 영해(領海)에서 잠수기 어업에 착수하여 1891~1892년에는 러시아령 블라디보스토크 부근에서 해서(海鼠)잡이에 종사하였고, 1893년에는 조선의 경상도·전라도 연안에서 해표(海豹)잡이 어업에 종사하였다.

중정양삼랑은 1903년에 독도[리앙꾸르島]에서 해려(海驢)잡이를 시도하였는데, 이것이 수익이 높자 다른 어부들의 경쟁 남획을 방지하고 이의 독점이권을 '대한제국

정부'로부터 획득해 보려고 1904년 동경에 가서 일본 정부 고관들과 접촉을 시작하였다.[14]

중정양삼랑이 1910년에 직접 작성하여 도근현에 제출한 〈이력서〉(履歷書)와 그가 직접 쓴 (이력서의) 부속문서인 〈사업경영개요〉(事業經營槪要)는 이때 중정양삼랑이 독도를 한국 영토로 명확히 인지하고 있었고, 그렇기 때문에 한국 영토인 독도를 일본 제국주의자들이 공작하여 침탈해서 일본 영토에 '편입'한 것임을 다음과 같이 알려주고 있다. (독도가 1905년 2월 일제에게 침탈당한 약 5년 후에 쓴 글이므로 독도의 이름이 '리앙꾸르島'가 아니라 '竹島'로 표기되어 있다)

> 죽도에 해려(海驢)가 많이 군집(群集)하는 것은 울릉도 방면 어부들은 주지하는 바이지만……본도(독도-인용자)가 울릉도에 부속하여 한국의 소령(所領)이라고 하는 생각을 갖고, 장차 통감부에 가서 할 바가 있지 않을까 하여 상경해서 여러 가지 획책 가운데, 당시의 수산국장(水産局長) 목박진(牧朴眞) 씨의 주의로 말미암아 반드시는 한국령에 속하지 않는 것이 아닐까 하는 의문이 생겨서, 그 조사를 위하여 여러 가지로 분주

---

14) 〈中井養三郞履歷書〉(1910년 隱岐島廳 提出), 島根縣廣報文書課 編, 《竹島關係資料》第 1 卷(1953) 참조.

한 끝에 당시의 수로국장(水路局長) 간부겸행(肝付兼行) 장군의 단정(斷定)에 의뢰하여 본도(本島)의 전적으로 무소속(無所屬)인 것을 확신하게 되었다. 그리하여 경영상 필요한 이유를 모두 진술해서 본도를 본방영토(本邦領土)에 편입하고 또 대하(貸下)해 줄 것을 내무(內務), 외무(外務), 농상부(農商部)의 삼대신(三大臣)에게 원출(願出)하여, 원서를 내무성에 제출하였더니 내무 담당자는 이 시국에 제(際)하여 (日露開戰中) 한국 영지의 의(疑)가 있는 황막한 일개 불모의 암초를 거두어 환시(環視)의 제외국(諸外國)에게 아국이 한국 병탄의 야심이 있는 것의 의심을 크게 하는 것은 이익이 극히 적은 데 반하여 사건은 결코 용이하지 않다고 하여 여하히 진변(陳辨)해도 원출(願出)은 장차 각하(却下)되려고 하였다. 그리하여 좌절해서는 안 되기 때문에 곧바로 외무성(外務省)에 달려서 당시의 정무국장(政務局長) 산좌원이랑(山座圓二郎) 씨에게 가서 크게 논진(論陳)한 바 있었다. 산좌원이랑 씨는 시국(時局)이야말로 그 영토 편입을 급요(急要)로 하고 있다. 망루(望樓)를 건축해서 무선(無線) 또는 해저전신(海底電信)을 설치하면 적함(敵艦) 감시상 극히 좋지 않겠는가. 특히 외교상 내무(內務)와 같은 고려를 요하지 않는다. 모름지기 속히 원서(願書)를 본성(本省)에 회부(回附)케 해야 한다고 의기가 양양하여 있었다. 이와 같이 해서 본도는 드디어 본방 영토에 편입된 것이었다.[15]

중정양삼랑은 1906년 3월 25일 독도를 일본 영토로 편입하여 자기에게 빌려줄 것을 청원하게 된 경위를 오원복시(奧原福市)에게 진술해서 오원이 기록한 것이 있는다.

여기서도 "중정양삼랑은 리앙꾸르도를 조선의 영토라고 믿고 일본 정부에 대하청원(貸下請願)을 결심하여 명치 37년의 어기(漁期)가 종료되자 곧바로 상경하였다"[16]고 진술하면서 상경 후 해군성 수로국장, 외무성 정무국장, 농상무성 수산국장 등에게 공작당한 경위를 비교적 상세히 밝혔다.

또한 그 후 확고한 실증자료의 기초 위에서 1923년에 도근현 교육회가 편찬한 《도근현지》(島根縣誌)의 '죽도' 항목에서는 "명치 37년 각 방면으로부터 경쟁 남획이 있었다. 여러 가지의 폐해를 낳으려고 하였다. 이에 중정양삼랑은 이 섬을 조선 영토라고 생각해서 상경하여 농상무성에 말해서 조선 정부에 대하(貸下)를 청원하려고 하였다"[17]고 기록하였다.

---

15) 〈中井養三郎事業經營槪要〉, 中井養三郎 履歷書 附屬文書(1910年 中井養三郎 作成), 《竹島關係資料》第 1 卷 참조.
16) 奧原福市, 《竹島及鬱陵島》, 1907, pp. 27~32.
17) 島根縣敎育會 編, 《島根縣誌》, 1923 ; 李漢基, 《韓國의 領土》, 서울대 출판부, 1969, p. 258.

독도가 한국 영토임은 이때 문제의 인물 중정양삼랑
도 명확히 알고 있었으며, 한국 정부에 그 대하의 청원
을 교섭해 달라고 요청하기 위해서 상경하였다가 일본
정부 고관들의 의도적 공작의 대상이 되었던 것이다.

4. 일본의 독도 침탈과 도근현 고시

일본측이 위에 든 〈중정양삼랑이력서〉(中井養三郎履歷
書), 〈사업경영개요〉(事業經營概要), 〈중정양삼랑의 오원
에게의 진술〉, 《도근현지》(島根縣誌)의 기록을 종합하여
알기 쉽게 정리하면 일제의 독도 침탈과정은 다음과 같
이 간추려 정리될 수 있다.

⑴ 일본 어업가 중정양삼랑은 한국 영토인 독도[리앙
꾸르島]에서 해려잡이의 독점이권 획득에 착안하여 한국
정부에 대부청원을 제출하려고 1904년 고기잡이 철이
끝났을 때 동경에 상경하여 일본 정부의 국장급 고관들
과 접촉을 시작하였다. 이때 중정양삼랑은 독도가 한국
영토라고 확신하고 있었다.
⑵ 일본 정부의 농상무성 수산국장 목박진(牧朴眞)과
해군성 수로부장(해군소장) 간부겸행(肝付兼行)은 중정양

삼랑의 접촉을 받자, 서로 연락해 가면서 공작을 시작하였다. 농상무성 수산국장은 독도[리앙꾸르島]가 한국령에 속하지 않을 수도 있다는 자기의 의사를 말하여 중정양삼랑에게 주의를 주고, 독도의 소속에 대해서 해군성 수로부장의 유권해석을 듣도록 중정양삼랑을 수로부장에게 보냈다.

(3) 해군성 수로부장 간부 장군은 수산국장이 보낸 중정양삼랑에게 독도[리앙꾸르島]를 '무주지'(無主地)라고 단정하여 주장하고, 일본인으로서 중정양삼랑이 독도 경영에 종사하려면 독도를 일본 영토로 편입하는 방법이 당연하다고 설득하면서, 한국 정부에 대하원을 제출할 것이 아니라 일본 정부에게 리앙꾸르도[독도]의 일본에의 영토 편입 및 대하원을 제출하라고 요구하였다. 여기에서 중정양삼랑은 독도가 혹시 한국 영토가 아닐 수도 있지 않을까 하는 의심이 생겼다.

(4) 중정양삼랑은 해군성 수로부장에게 독려당해서 마침내 뜻을 결정하여 독도를 일본 영토에 편입하고 또 자기에게 빌려 달라는 〈리앙꾸르도 영토 편입병 대하원〉(領土編入竝貸下願)을 1904년 9월 29일 일본 정부의 내무성·외무성·농상무성의 세 대신에게 제출하였다. 이때 중정양삼랑의 생각은 그의 진술과 같이 전적으로

해군성 수로부장의 독도[리앙꾸르島]는 무주도(無主島)이며, 일본 영토에 편입하는 방법이 좋을 것이라는 단정에 의뢰하고 의거한 것이었다. 즉 중정양삼랑에 대한 조종과 공작의 핵심 인물은 해군성 수로부장이었다.

(5) 그러나 일본 내무성은 중정양삼랑의 접촉을 받고 독도의 일본 영토 편입청원에 명확하게 반대하였다. 그 이유는 러·일전쟁이 시작된 이 시국에 한국 영토 가운데 의문이 있는 1개의 불모의 암초를 거두어 갖는다는 것이 일본의 동태를 주목하고 있는 여러 외국들로 하여금 일본이 한국 병탄의 야심이 있지 않은가 하는 의심을 크게 하여, 이익은 매우 적은 반면에 한국의 항의로 독도의 일본 영토 편입도 결코 쉽지 않을 것이라는 해설이었다. 따라서 내무성 당국자는 중정양삼랑의 영토 편입 청원을 각하시키려고 하였다.

(6) 반면에 일본 외무성 정무국장은 내무성과는 정반대로 이를 적극 추진하였다. 왜냐하면 러·일전쟁이 개전된 이 시국이야말로 독도의 일본 영토 편입이 절실히 필요하며, 해군 망루를 건설하여 무선전신 혹은 해저전신을 설치하면 적군 함대에 대한 감시상 극히 유익하기 때문이었다.[18] 외무성 당국자는 내무성 당국자가 우려하

---

18) 日本海軍省의 獨島望樓 설치계획은 당시 極秘 군사기밀 사항이었는

는 바와 같이 외교상의 항의 같은 것은 일어나지 않을 것이므로 고려할 필요가 없다고 확언하면서, 속히 청원서를 외무성에 회부하도록 하라고 의기양양하여 적극 독려하였다.

⑺ 일본 정부는 이러한 사전공작 후에 중정양삼랑이 제출한 〈리앙꾸르도 영토 편입병 대하원〉을 1905년 1월 28일의 내각회의에서 승인하는 형식을 취하여 "북위 37도 9분 30초, 동경 131도 55분, 은기도로부터 85해리에 있는 무인도는 타국이 이를 점령하고 있다고 인정되는 자취가 없기 때문에" "일본 영토에 편입하여 '죽도'라고 명명하고 도근현 소속 은기도사(隱岐島司)의 소관으로 한다"는 이른바 '무주지(無主地) 영토 편입'에 대한 내각회의의 결정을 내렸다.

이러한 일본 내각회의 결정은 내무성을 거쳐 도근현에 통고되었으며, 도근현은 1905년 2월 22일 현 고시(縣告示) 제40호로서 "북위 37도 9분 30초, 동경 131도 55분, 은기도로부터 거리 서북 85해리에 있는 도서를 죽도라고 칭하고 이제부터는 본현 소속 은기도사의 소관

데, 外務省 政務局長이 海軍省의 주장을 그대로 대변한 이유 설명과 설득을 한 것은 海軍省 水路部長과 外務省 政務局長이 긴밀히 事前協議를 해 가면서 工作을 행한 것임을 알려 주는 것이라고 볼 수 있다.

으로 정한다"고 고시함으로써 독도를 침탈한 것이었다.

5. 일본의 독도 침탈 시도의 국제법상 불법성

여기서 다시 한번 주목할 것은 일본 어업가 중정양삼
랑은 독도가 "한국 영토"임을 명백히 인지하고 한국 정
부에 그 대하원을 제출하려고 동경에 올라가 일본 정부
의 고관들과 접촉하였는데, 일본 정부의 해군성·농상
무성·외무성 당국자들의 공작과 지시를 받고 계획을
변경하여 일본 정부에 '리앙꾸르도[독도] 영토 편입병
대하원'을 제출하였다는 사실이다.

그리고 일본 정부의 해군성·농상무성·외무성 당국
자들이 독도가 무주지가 아니라 한국 영토임을 잘 알면
서도 침탈하여 일본에의 '영토 편입'을 추진한 동기는
당시가 러·일전쟁이 시작된 긴급한 시국이었기 때문이
었다. 독도에 해군 망루를 세워고 무선전신 또는 해저
전신을 설치하여 러시아 함대의 활동을 감시하기 위한
것과 제국주의적 영토 야욕이 결합한 것이었다는 사실
이다.

그러면서도 독도 침탈을 결정한 일본 내각회의는 독
도를 타국이 점유하고 있다고 인정되는 흔적이 없는 무

주지이기 때문에 내린 결론이라고 밝히고 있다.

따라서 독도가 무주지가 아니라 1905년 1월 28일 이전부터 한국 영토였으며, 한국에 의하여 영유되고 있었음이 증명되면, 1905년 1월 28일의 일본 내각회의 결정은 원인 무효가 되어 독도의 이른바 '일본 영토 편입'은 저절로 무효화되고 백지화되는 것이다.

또한 문제가 되는 것은 일본의 독도 침탈, 이른바 일본으로 '영토 편입'을 하는 고시 방법이다. 일본 정부는 이미 조선 숙종 연간(일본의 元禄 年間)에 울릉도와 우산도[독도]를 조선 영토로 재확인한 외교문서를 조선측에 발송한 바 있으며, 명치 연간에 태정관·외무성·내무성·해군성·육군성 등 명치 정부 전체가 모두 독도를 조선 영토라고 재확인하였고, 중정양삼랑의 영토 편입원에 대해서도 내무성 당국자는 독도[리앙꾸르島]가 한국 영토일 수 있다고 반대하였으므로, 일본 정부는 당연히 사전에 한국 정부와 이를 협의하고 사후에라도 이를 조회하거나 통고했어야 하는데 전혀 그렇게 하지 않았다. '영토 편입'에서 관련국에 통고하는 것은 국제 관례이며 국제법의 요건임에도 불구하고, 일본 정부는 한국 정부에 조회나 통고를 전혀 하지 않았던 것이다.

일본 정부는 1876년 소립원도(小笠原島)에 대한 영유권을 확립하면서도 이 섬과 극히 간접적으로 관련이 있다고 본 영국·미국 등과 몇 차례 절충을 하고 유럽과 미주의 12개 국가들에 대하여 일본의 관치(官治)를 통고하였다.[19] 그런데 왜 일본 정부는 독도를 영토 편입하면서 대한제국 정부와 사전 협의는 물론, 사후 조회나 통보도 전혀 하지 않았을까?

이것은 일본 정부가 독도를 한국 영토라고 명확하게 인지하고 있었기 때문에, 독도를 일본 영토로 편입하여 침탈하는 것이 한국 부속령에 대한 침탈이 되므로 그 반응과 저항을 우려했기 때문이라고 추정된다. 즉 이것이 한국에 알려지면 아직도 한국의 수도 서울에 각국 공사관들이 활동하고 있는 상태에서 한국인 및 한국 정부의 저항을 일으킬 것이고, 이 경우에 서양 각국으로부터 일본의 한국 영토 침탈에 대한 비판과 러·일전쟁 후 일본의 한국 침탈에 대한 의혹을 높여주는 결과를 가져오리라 우려하였기 때문이다.

또한 주목해야 할 것은 일본 정부는 독도의 일본 '영토 편입'이 극히 중요한 사항일 뿐 아니라 내각회의의 결정임에도 불구하고 이를 《관보》(官報)에 게재하여 공

---

19) 堀和生, 〈一九〇五年日本の 竹島領土編入〉, 《朝鮮史硏究會論文集》
　　第24輯(1987) 참조.

시(公示)하지 못하였다. 어느 나라나 내각회의의 결정은 '비밀사항'이 아니면 《관보》에 게재하여 중앙 정부 수준에서 국민과 전세계에 이를 공시하는 것이고, 일본 정부도 이렇게 해 왔는데, 일본의 독도 '영토 편입'에 대해서만은 구태여 회피하였다.

일본 정부는 왜 이렇게 예외적 조치를 취하였을까? 그것은 일본 정부가 독도를 일본 영토로 편입하는 것을 비밀사항으로 해 두고자 의도하였기 때문이다. 당시 동경에는 한국 공사관을 포함하여 각국 공사관이 있었으므로, 일본 정부는 일본이 한국 영토인 독도를 침탈하여 일본 영토에 '편입'한 사실을 한국과 세계 각국에 알리고 싶지 않았으며, 비밀사항으로 감추어두고 싶었던 것이다.

따라서 일본 정부는 독도를 일본 영토에 편입하였다는 보도자료를 일본의 전국지(全國紙)에 주지 않았으므로, 일본의 전국지들은 자연히 이 사실을 보도하지 못하였다. 왜냐하면 당시 일본의 수도 동경에는 다수의 한국인들이 체류하고 있었으므로, 만일 중앙 신문들이 이를 보도하면 한국인들이 이를 읽고 한국 정부에 보고할 것이기 때문이었다.

그러면 일본 정부는 '영토 편입' 사실을 어떤 방법으

로 공시하였는가 ? 한낱 작은 지방관청인 도근현의 현
청에서 고시하는 방법을 취하였다. 현청의 고시라는 것
이 현청 게시판에 고시문을 붙여 며칠 두었다가 떼어내
거나 지방신문에 고시문을 조그맣게 하루 게재하는 것
에 불과하므로, 우연히 도근현의 현청 소재지에 유능한
한국인이 거주하고 있다가 마침 이 짧은 기간에 현청
게시판을 자세히 읽고, 또는 지방신문의 한귀퉁이에 있
는 작은 고시문을 자세히 읽고 본국에 긴급히 보고하지
않는 한, 일본 정부의 이 고시방법으로는 한국인들이
독도가 일본에게 침탈당하였다는 사실을 알기는 전혀
불가능하였던 것이다.

따라서 일본 정부가 택한 도근현청 고시 방법이란 것
은 실질적으로 일본의 독도 침탈 사실을 한국과 세계에
비밀로 하면서 공시절차를 거친 것처럼 만드는 교활한
방법이라고 할 수 있다.

따라서 독도에 대한 일본 제국주의자들의 이상과 같
은 침탈은 그들 스스로 독도가 한국 영토임을 알면서
저지른 것이었기에 의도적으로 한국인들과 한국 정부가
전혀 모르게 하는 방법으로 자행된 도둑질, ‘도탈’(盜奪)
이었다.

그러므로 1905년 2월의 독도의 ‘일본 영토 편입’은 당시의 국제법을 위반한 불법이며, 따라서 무효이다. 이후로 일본이 독도를 점유한 것은 국제법에 의거한 정당한 것이 아니라 한국 정부와 한국 국민 모르게 도둑질하고 군사력으로 강탈, 점령한 것에 불과하다.

6. 일본 해군의 독도 망루 설치와 철거

일본 해군은 한국 영토인 독도를 침탈한 다음, 이른 봄철의 거친 해풍과 파도로 말미암아 아직 독도에 망루를 설치하지 못했는데 러시아의 발틱함대가 동해에 도착하였다. 그리하여 1905년 5월 27일, 동해에서 러·일 대해전을 치러 일단 승전은 하였다. 그러나 러시아는 아직도 막강한 군사력을 갖고 있었으므로 언제 다시 대해전을 치러야 할지 알 수 없는 상황이었다. 뿐만 아니라 동해상에서의 러·일 대해전은 울릉도와 독도의 해군전략상의 가치를 더욱 높여주었다.

이에 일본 해군 군령부에서는 울릉도에 북망루(北望樓) 하나를 더 건축해서 여기에 무선전신소를 설치하고 독도[리앙꾸르島]에도 동시에 '망루'를 설치하여 울릉도 - 독도 - 은기열도 고기산(高岐山) 사이에 해저전선을 부설하였다. 그리고 독도의 망루는 일체 노출되지 않도록 충분히 은폐하여 설치할 것을 내용으로 하는 설비계획안을 1905년 5월 30일 해군 대신에게 제출하였다.

일본 해군성은 1905년 6월 12일 군함 교립호(橋立號)를 독도에 파견하여 망루 설치에 적합한 장소를 조사하게 하였는데, 그 결과 동도의 정상에 약간의 공사를 하면 망루를 건설할 수 있고, 연료와 식수는 매월 1, 2회 공급해야 할 것이라는 보고를 받았다.[20]

일본 해군 대신은 해군 군령부의 제의와 군함 교립호의 조사 보고에 의거하여 1905년 6월 24일 울릉도의 북망루와 동외곶(東外串)에 무선전신을 가진 망루의 건설과, 독도에 보통 망루를 건설하고, 해저전선은 먼저 울릉도와 독도의 망루 사이에 부설하도록 명령하였다.[21] 울릉도의 북망루는 1905년 7월 14일 기공되어 7월 16일 준공되고, 8월 16일부터 업무를 개시하였다.[22]

독도의 망루는 1905년 7월 25일 기공되어 8월 19일 준공되고, 그날부터 바로 업무를 개시하였다.[23]

---

20) 《橋立戰時日誌》1905年 6月 13日條, 附, 〈竹島(リャンコルド岩) 視察報告〉참조.
21) 日本海軍軍令部, 《極秘 明治三十七八年海戰史》第4部 第4卷, p. 21, 93 참조.
22) 위의 책, p. 227 참조.

울릉도와 독도를 연결하는 해저전선은 1905년 10월 8일 울릉도 북망루와 독도 망루 사이에 부설하였다.[24]

그리고 독도와 은기 고기산 사이의 해저전선은 불필요하다고 하여 계획을 수정, 그 대신 독도와 출운국(出雲國) 송강(松江) 사이의 해저전선이 10월 9일 부설 완료되었다.[25] 그 결과 한국 동해안에는 죽변 - 울릉도 - 독도 - 일본 출운국 송강을 연결하는 일본 해군의 해저 통신선과 감시 망루가 완성되었다.

독도의 망루는 일본 해군이 러·일전쟁 기간에 한국 영토에 설치한 20개 망루 가운데 마지막으로 세운 망루였다.

일본 해군은 1905년 9월 5일 포츠머스조약의 조인(調印)과 10월 15일 러·일전쟁이 일본의 승리로 종결되어 망루가 불필요하게 되자, 10월 19일 울릉도의 망루들을 없애도록 명령하였으며, 1905년 10월 24일에는 독도의 망루를 철거하였다.

일본 제국주의자들은 이와 같이 일본 해군의 망루 설치를 목적으로 한국 영토인 독도를 침탈하였다가, 러·

---

23) 위의 책, p. 276 참조.
24) 위의 책, pp. 93~94 참조.
25) 위의 책, p. 21, 95 참조.

일전쟁이 종결되었는데도 이를 한국에 반환하지 않은
채, 뒤이어 1905년 11월 17일 대한제국 정부에 '을사조
약'을 강요해서 국권의 일부를 빼앗고 통감부(統監府)를
설치하여 한반도 전체를 침탈하려는 야욕에 더욱 적극
적으로 나섰던 것이다.

제 10 장
일제의 독도 침탈에 대한 대한제국의 항론

1. 일제의 독도 침탈 통보 시점과 방법

한·일간에 독도 논쟁을 일으킨 후 1953년 7월 13일 자로 일본 정부가 한국 정부에 보낸 구술서에는 "1905년 2월 당시 일본 정부의 독도의 일본 영토 '편입'은 실효적인 정당한 것이었기 때문에 어떠한 외국(대한제국을 지칭함—인용자)에 의해서도 항의나 질문을 받은 바 없다"고 기술되었다.[1] 그러나 이것은 전적으로 사실과 다르다. 그 반대가 진실이다.

---

1) 〈往復文書, 1953년 7월 13일자 日本側 口述書(No. 186/A2) : 日本政府見解(1)〉, 《資料集》, pp. 13~20 참조.

한국측이 일본의 독도 침탈 사실을 처음으로 알게 된 것은 약 1년 후인 1906년 3월 28일이었다. 그 과정은 일본 도근현 은기도사 동문보(東文輔) 및 사무관 신전유태랑(神田由太郎) 일행이 독도[竹島]를 시찰한 다음 돌아가는 길에 울릉도에 들러 울도 군수 심흥택을 방문해서 독도가 일본에 '영토 편입'되었음을 처음으로 말하였기 때문이었다.

여기서 주목해야 할 것은 1906년 3월 28일이란 그 시기이다. 일제는 1905년 9월 5일 포츠머스조약 체결로 러·일전쟁을 승전으로 종결시킨 다음, 이어서 그 강대한 무력으로 대한제국 궁궐을 포위하고 협박해서 1905년 11월 17~18일 '을사조약'의 체결을 강요하다가 황제 고종의 승인·서명날인·비준을 받지 못하자 외무대신의 서명 날인만 받은 상태에서 을사조약이 체결된 것처럼 공포하고 강제 집행하였다.

이 조약의 요점은, ① 대한제국의 외교권을 일본이 박탈해 가고, ② 서울에 일본의 통감부를 설치하여 한국의 정치 일반을 감독한다는 것이었다. 이것은 한국이 실질적으로 일제 통감부의 통치하에 들어감을 의미하는 것이다.

대한제국의 외부(外部)는 1906년 1월 17일로 완전히 폐지되었고, 1906년 2월 1일에는 서울에 일제 통감부가 설치되어 업무를 개시하였다. 이제 한국은 국제적 항의나 외교의 권리, 담당기관과 기능을 완전히 박탈당하고 내정까지 일제 통감부의 지휘 감독을 받게 된 것이다.

일본 정부는 이와 같이 대한제국 정부가 항의를 할 수 없도록 외교권을 박탈하고 완전한 지배체제를 만든 후에야 '시간표'에 맞추어 1906년 3월 28일, 한국측에게 일본이 독도를 침탈한 사실을 알렸던 것이다.

여기서 또 주목할 것은 독도 침탈 사실을 알린 방식이다. 일본 정부는 1906년 3월 말, 아직 명목상의 권한이 엄연히 살아 있음에도 대한제국 중앙 정부에 통고하지 않고, 도근현 은기도사와 사무관이라는 말단 지방관리를 보내 지나가는 길에 들르는 양식으로 울도 군수에게 말로써 알린 것이다. 이것은 일본 정부가 독도 침탈이라는 영토침탈의 중대한 사실을 가능한 한 대수롭지 않은 사소한 사건으로 다루고, 또 한국 정부의 현지 지방관이 항의하는 경우에도 일제 통감부가 이를 내부(內部) 수준에서 사소한 일로 처리하도록 하여 처음부터 대한제국의 중앙 정부나 내각회의에서 거론하지 못하게 하기 위한 의도였다고 해석된다.

이러한 일본 정부의 모든 조치는 독도가 한국 영토라

는 사실을 일본 정부가 잘 알고 있었으므로 일본 정부의 독도 침탈에 한국 정부가 반드시 항의할 것을 예견하고, 이를 사전에 봉쇄하기 위해 교활하고 치밀한 계산에서 자행한 조치였음을 쉽게 알 수 있다.

2. 울도 군수 심흥택의 항의 보고

이러한 조건 속에서도 대한제국 정부는 즉각 항론(抗論)을 전개하였다.

우선 일본이 1년 전에 독도를 일본 영토에 '편입'하였다는 일본 관리의 말에 놀란 울도 군수 심흥택이 3월 29일(음력 3월 5일) 다음과 같은 긴급 보고를 올렸다.

본군(本郡) 소속 독도가 재어본부외양(在於本部外洋) 백여 리허(百餘里許)이옵드니 본월 초사일 진시양(辰時量)에 윤선일척(輪船一隻)이 내박우도내도동포이(來泊于島內道洞浦而) 일본 관인 일행이 도우관사(到于官舍)하여 자운(自云) 독도가 금위일본령지고(今爲日本領地故)로 시찰차래도(視察次來島)였다이온바……선문호총인구다소(先問戶摠人口多小)하고 차문인원급경비기허(次問人員及經費幾許) 제반사무(諸般事務)를 이조사양(以調査樣)으로 록거(錄去)이압기 자이보고(茲以報告)

하오니 조량(照亮)하심을 복망(伏望).

광무(光武) 10년 병오(丙午) 음(陰) 3월 5일[2]

여기서 주목할 것은 울도 군수 심흥택이 "본군(本郡) 소속 독도가 재어본부외양(在於本部外洋)……"이라 하여 독도가 자기의 통치구역인 울도군에 소속한 한국 영토임을 강조하고 주장해서 일본의 소위 '영토 편입'을 받아들이지 않고 항의하고 있다는 사실이다.

또한 그는 일본인 관리 일행이 자기의 관사를 찾아와서 "자운(自云) 독도가 이에 일본 영지가 되었기 때문에 시찰차 왔다"는 일본 관리들의 말을 '자운'(自云)이라고 표시하여 역시 받아들이지 않고 있으며, 독도가 자기가 군수로 있는 울도군 소속임을 단호하게 주장하고 있는 것도 주목할 필요가 있다.

3. 대한제국 내부대신의 항의 지령

강원도 관찰사를 통해 울도 군수의 보고를 받은 대한 제국 중앙 정부의 내부대신(內部大臣)은 즉각 일본의 독

---

2) 《名觀察道案》第 1 冊, 〈報告書號外〉 ; 梁泰鎭   編, 《韓國國境領土關係文獻集》(1979) 참조.

도 '영토 편입'을 단호하게 부정하여 항의하였다. 이에
대한 지령문에서 "유람도차(遊覽道次)에 지계호구지록거
(地界戶口之錄去)는 용혹무괴(容或無怪)어니와 독도지칭
운일본속지(獨島之稱云日本屬地)는 필무기리(必無其理)
니 금차소보(今此所報)가 심섭아연(甚涉訝然)이라"[3]고 하
여 일본측 주장의 처리를 단호하게 부정하였다.

즉 대한제국 내부대신은 대한제국의 영토인 "독도에
대하여 일본 관리들이 독도를 일본 속지라고 말한 것은
전혀 이치가 없는 것"이라고 일본측의 조치를 단호히
부정하고, "이제 보고한 바가 매우 아연실색할 일이라"
고 경악하고 있는 것이다.

4. 대한제국 의정부 참정대신의 항의 지령

또한 울도 군수의 보고와 강원도 관찰사의 1906년 4
월 29일자 보고를 통해 받은 대한제국 의정부(議政府)
참정대신은 대한제국의 영토인 독도를 일본의 영토로
만들려는 주장은 전혀 부당하다고 비판하고 항의하여
지령 제3호로서 "내보(來報)는 열실(閱悉)이고 독도 영

---

3) 《大韓每日申報》1906年 5月 1日자, 〈雜報〉(無變不有).

지설(獨島領地說)은 전속무근(全屬無根)하나 해도(該島) 형편(形便)과 일인여하행동(日人如何行動)을 경위사보(更 爲査報)할 사"[4]라고 지령하였다.

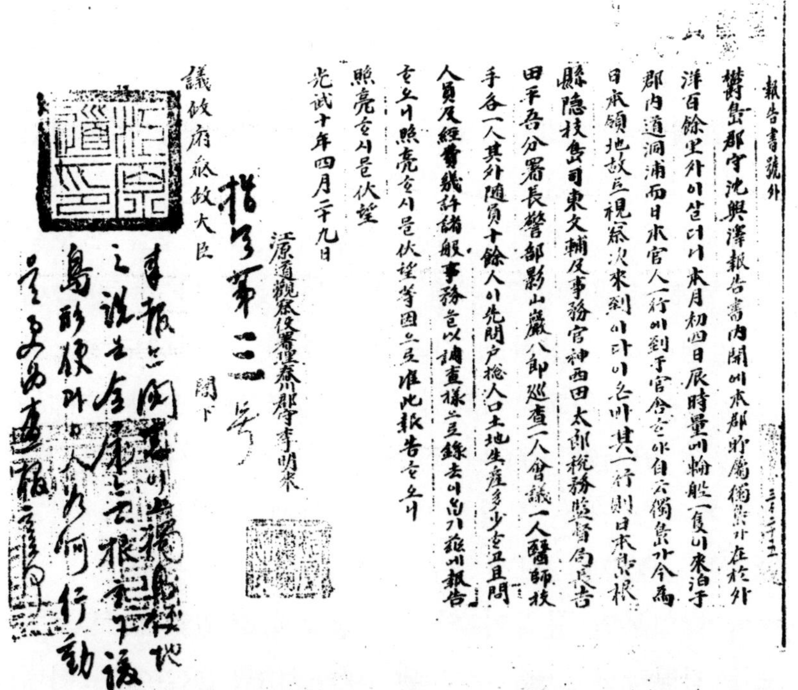

강원도 관찰사 서리가 참정대신에게 올린 울도군수 沈興澤의 보고서와 대한제국 참정대신의 지령문(1906). 울도군수 심흥택은 이 보고서에서 "본군 소속 獨島가"라고 하여 독도가 자신이 통치하는 영토임을 밝혀 항의했고, 참정대신은 "일본의 獨島 領有의 說은 전혀 근거가 없는 것"이라며 일본측 주장을 항의 비판하였다.

---

4) 《各觀察道案》第 1 冊, 光武 10年 4月 29日條, 〈(報告書 號外에 대한) 指令 제 3 호〉.

즉 대한제국 의정부 참정대신(당시 정부 수반)의 이 지령문은 독도가 일본인의 영지라는 일본인의 설은 "전혀 근거가 없는 것"이라고 단호하게 항의하여 부정하며, 독도가 한국 영토임을 거듭 강조하고, 독도의 형편과 일본인들이 어떠한 행동을 하고 있는지 다시 조사하여 보고할 것을 지령한 것이었다.

대한제국의 울도 군수(독도 통치담당 군수), 내부대신(영토담당 장관), 의정부 참정(정부 수반)의 이 공문서는 당시 대한제국 정부가 일본 정부의 1905년 2월 독도를 도근현에 소위 '영토 편입'하였다는 것을 알고 즉각 이를 명백하게 부정하고 항의한 것이다. 그런데도 이 항의 지령문이 외교문서화되어 일본 정부에 도착하지 못한 것은 일제가 1905년 11월 17~18일 '을사조약'을 강요하여 외교권을 강탈하였고, 대한제국 외부는 폐지되었으며, 1906년 2월 1일부터 서울에 일제 통감부가 개청되어 일본인 통감이 외교를 장악하고 있었으므로, 독도를 침탈당한 것을 알게 된 1906년 3월 28일에는 이미 대한제국의 외교권은 없어져 일본 정부에 항의하고 항의문서를 통보할 기관이 없었기 때문이다. 만일 당시에 항의를 한다면 일제 통감부(일본 정부의 일부)가 일본 정부에 항의해야 하도록 되어 있었다.

5. 《대한매일신보》와 《황성신문》의 항의

대한제국 정부뿐만 아니라 당시 이를 알게 된 한국 민간인들도 즉각 이를 거부하고 항론(抗論)을 전개하였다.

한말의 대표적 신문인 《대한매일신보》(大韓每日申報)는 1906년 5월 1일자 보도에서 '무변불유'(無變不有 ; '變 없음이 아니라, 變이 있다'는 뜻)라는 제목으로 즉각 일본의 독도 침탈에 항의하는 표제를 달았으며, "독도를 호칭하여 말하기를 일본 속지라고 한 것은 전혀 이치가 없는 것으로서 이번 보고한 바가 매우 아연실색할 일이다"고 한 내부의 항의 지령문을 인용 보도함으로써 강력한 항의를 표시하였다.[5]

또한 일본 군대인 한국주차군의 사전 검열을 받는 상태에서 발행되고 있던 《황성신문》(皇城新聞)은 일본의 독도 침탈에 대한 항론의 표시를 제목의 활자 크기를 갑자기 높이는 방법으로 하였다. 즉 '잡보'(雜報)란 보도의 평상시 제목의 활자 크기보다 4배 가량 더 큰 활자로 '울쉬보고내부'(鬱倅報告內部 ; 울도 군수 내부에 보고하

---

5) 《大韓每日申報》1906年 5月 1日자, 〈雜報〉(無變不有).

다)라고 쓰고, 울도 군수 심흥택의 보고 내용을 인용 보
도함으로써 일본의 독도 침탈에 강력히 항의하였다.[6]

6. 대한제국 지식인의 항의

당시 일반 한국인의 기록으로는 매천(梅泉) 황현(黃玹)
이 1905년 음력 4월 그의 《오하기문》(梧下記聞)에서 "울
릉도 백 리 밖에 한 속도(屬島)가 있어 독도라고 부르는
데, 왜인이 이제 일본 영지가 되었다고 심사하여 갔다"[7]
고 기록하여, 독도가 울릉도의 속도로서 한국 영토인데
일본이 일본 영지가 되었다고 주장하고 있음을 항의 기
록하였다.

황현은 《매천야록》(梅泉野錄)에서도 "울릉도의 바다로
부터 거(距)하기, 동으로 백 리에 한 섬이 있어 독도라
고 부르며 울릉도에 구속(舊屬)하였는데, 왜인이 그들의
땅이라고 늑칭(勒稱)하고 심사하여 갔다"[8]고 기록하였
다. 여기서 황현은 독도가 울릉도의 속도로서 한국 영

---

6) 《皇城新聞》1906年 5月 9日자, 〈雜報〉(鬱倅報告內部).

7) 黃 玹, 《梧下記聞》, "鬱陵島百里外 有一屬島 曰獨島 倭人稱今爲日本
  領地 審査以去."

8) 黃 玹, 《梅泉野錄》, p. 375. "距鬱陵島洋東百里 有一島 曰獨島 舊屬
  鬱陵島 倭人勒稱其領地 審査以去."

토인데, 일본인들이 이제 자기의 영지가 되었다고 '늑칭'(강제로 칭함, 억지로 주장함)하였다고 기록하여 강력한 항론을 쓴 것이었다.

이와 같이 대한제국 정부와 민간인은 당시에 다 같이 일제의 독도 침탈에 바로 강력히 항의하였다. 당시는 외교권을 강탈당하고 일제 통감부의 지배하에 있었기 때문에 단지 항의 외교문서를 일본 정부에 전달하지 못하였을 뿐이었다.

문제는 이것만이 아니다. 일본 제국주의자들은 한국의 전 영토를 이제 막 식민지로 강점하려 하고 있던 차에, 독도는 독도가 한국 영토 가운데 일본쪽 최변방에 있는 무인도였기 때문에 1910년의 전 영토에 대한 강점에 앞서 1905년에 미리 침탈한 것이었다.

한국 국민들은 전 국토가 일제의 식민지로 침탈당할 위험에 직면해 있었던 터라, 전 국토에 대한 국권회복을 위해 항일의병 무장투쟁과 애국계몽운동을 전개하였으니, 국권을 완전히 회복하는 날이 되어야 독도도 자동적으로 회복될 수 있게 되어 있었다.

제 11 장
일제하의 독도와 카이로선언·포츠담선언의 영토 조항

1. 일제하의 독도

일제가 1910년 8월 한국을 완전 식민지로 강점한 후에는 일본의 독도 침탈은 한국의 전국토 안에 포함된 문제로 취급되었다. 일본은 독도를 죽도(竹島 ; 다케시마)라고 호칭하면서 형식상으로는 일본의 도근현에 속한 것으로 취급하기도 하였으나, 역사적 사실은 독도가 조선에 속한 것이었기 때문에 이를 알고 있던 일본인들은 독도를 실질적으로, 또는 형식과 실제 모두에서 조선에 속한 것으로 취급하기도 하였다.

예컨대, 독도[竹島]가 조선에 속한 것으로 취급한 몇

가지 자료를 들면 다음과 같다.

① 일본 해군성 수로부, 《일본수로지》(日本水路誌) 제 6 권
  (1911)
② 일본 해군성 수로부, 《일본수로지》제10권 상(1920)
③ 《역사지리》(歷史地理) 제55권 제 6 호에 수록된 통전
  설호(桶畑雪湖)의 논문 〈일본해(日本海)에 있는 죽도
  (竹島)의 일선관계(日鮮關係)에 대하여〉(1930)
④ 일본 해군성 수로부, 《조선연안수로지》(朝鮮沿岸水
  路誌) 제 1 권(1933)
⑤ 지갈성(芝葛盛), 《신편일본역사지도》(新編日本歷史地
  圖 ; 1933)
⑥ 석미춘잉(釋尾春芿), 《조선과 만주안내》(1935)
⑦ 일본 육군참모본부 육지측량부, 《지도구역일람도》(地
  圖區域一覽圖, 其一 ; 1936)[1]

이 가운데서도 특히 주목되는 자료는 일본 육군참모
본부 육지측량부의 《지도구역일람도》(地圖區域一覽圖)이
다. 일본 육군참모본부는 1936년 3월 현재의 대일본제
국(日本本州·朝鮮·臺灣·關東州·樺太 포함)의 《지도구

----

1) 愼鏞廈, 〈일제하의 독도와 해방 직후 독도의 한국에의 반환과정 연
  구〉, 《韓國社會史研究會論文集》 제34집 ; 《한국의 민족문제와 일본제
  국주의》(문학과지성사, 1992) 참조.

역일람도》를 같은 해 4월에 간행하였는데, 이 지도의
목적은 대일본제국에 속한 모든 지역을 본주(本州), 조
선(朝鮮), 관동주(關東州), 대만(臺灣), 화태(樺太), 천도열
도(千島列島), 남서제도(南西諸島), 소립원군도(小笠原郡島)
등으로 집단분류(grouping)한 것이었다.

일본 육군참모본부는 이《지도구역일람도》에서 죽도
[독도]를 일본 본주에 넣을 공간이 충분함에도 불구하고
죽도[독도]를 울릉도와 함께 '조선 구역'에 포함시키고,
죽도의 오른쪽 밖에다 '조선 구역'과 '일본 본주 구역'을
구분하는 굵은 흙선을 그어놓았다.

이《지도구역일람도》는 일제가 패망을 상상하지 않고
대일본제국이 영속한다고 생각하였던 1936년에 제작한
일본제국 안의 지역분류 지도로서 일본 육군성이 공식
발행한 것이었기 때문에 결정적으로 중요한 자료가 된
다. 이 자료에서 독도[竹島]가 어느 지역에 포함되는가,
즉 '조선 지역'에 포함되는가 또는 '일본 본주 지역'에
포함되는가 여부에 따라, 만일 대일본제국이 외부의 힘
에 의해 해체되는 경우에는 독도[竹島]의 귀속이 결정적
으로 영향을 받기 때문이다. 그런데 일본 육군참모본부
는 독도[竹島]를 '조선 구역'에 포함시킨 것이다. 일본
육군성은 독도가 울릉도의 부속 도서이며 조선 부속령

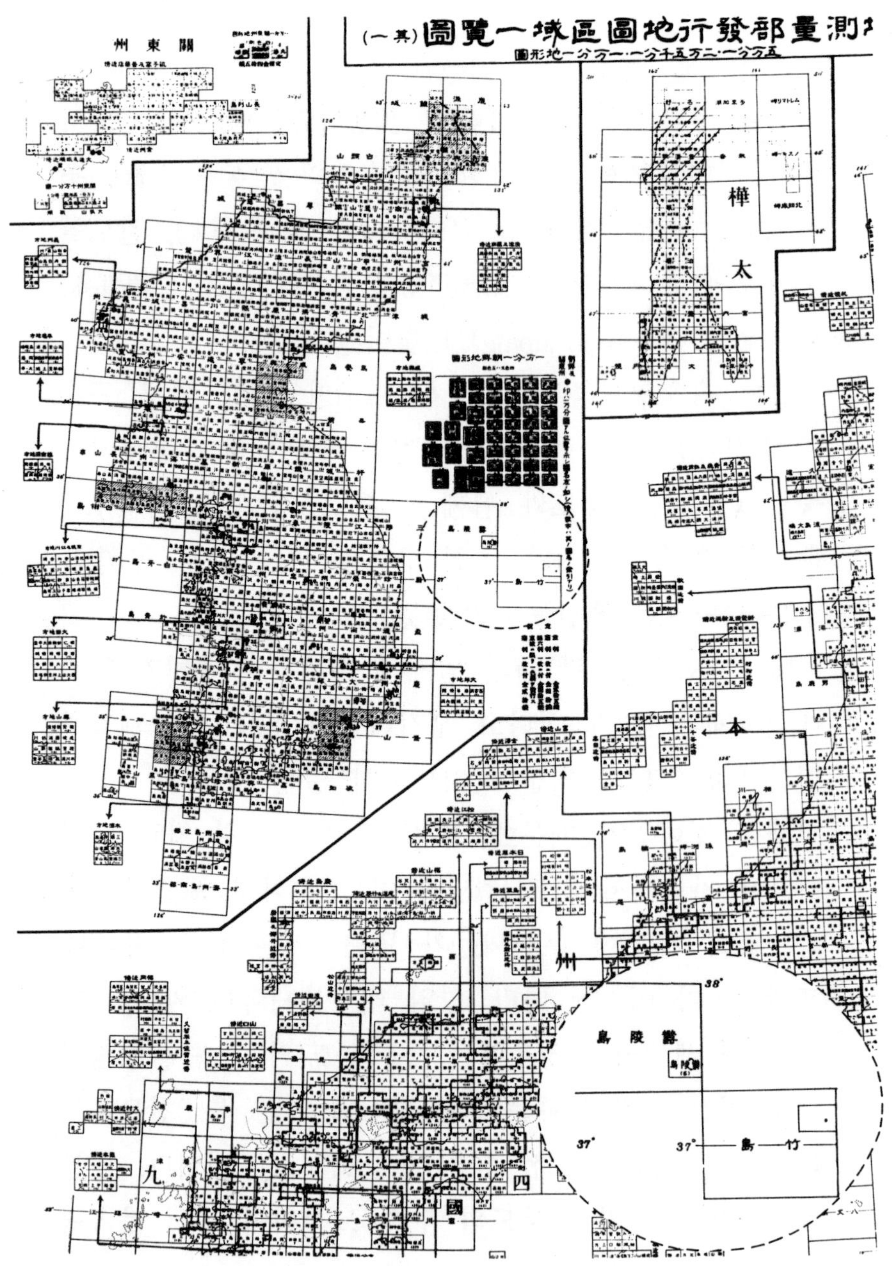

일본 육군참모본부 육지측량부가 일본제국을 지역별로 구분한 1936년의 공식 대일본제국 〈地圖區域一覽圖〉. 일본군은 독도를 울릉도와 함께 조선지역에 포함시켜 분류하였고, 전후 연합국 최고사령부가 대일본제국을 해체시킬 때 이 지도를 중시하여 참조했다.

임을 명확히 알고 있었던 것이다.

일본 제국주의가 1945년 8월 15일 패망하여 연합국이 대일본제국을 해체시킬 때 일본군의 이《지도구역일람도》가 가장 중요한 자료 가운데 하나가 되었음은 논란의 여지가 없다. 왜냐하면 연합국 최고사령부가 종래의 대일본제국 영토의 특정지역에 대하여, 일본 정부의 정치적 행정적 권리의 행사 또는 행사 기도의 정지를 명령한 연합국 최고사령부 지령(SCAPIN) 제677호를 공포했을 때의 특정지역 집단분류가 일본군의 이《지도구역일람도》와 거의 완전히 일치하기 때문이다.

위의 자료들이 제시하는 바와 같이 일제 치하에서 독도는 행정의 형식상 도근현에 속한 것으로 간주된 경우가 있었다 할지라도, 일본 국민들은 물론이요 일본 정부까지도 실질적으로, 또는 형식과 실질 모두에서 독도[竹島]를 조선 부속으로 간주하였다. 하물며 일제하에서 한국인들이 독도를 한국 영토로 계속 인지하였음은 더 논할 필요도 없다.

일제 치하에서도 독도는 울릉도 어민들의 어로지역이었다. 중정양삼랑이 해려잡이의 특허를 얻어 행사한 1905~1914년의 9년간을 제외하고는, 독도는 울릉도 어민들의 중요한 어로지역으로 활용되다가, 제2차세계대전 말기에 마치 경상남도 진해만(鎭海灣)이 일본 해군의 직접 통제하에 들어갔듯이 일본 해군의 직접 통제하에 들어가게 되었던 것이다.

2. 카이로선언의 영토 조항

제2차세계대전의 전세가 연합국에 유리하게 전개되어 승리가 뚜렷하게 전망되자 전후 처리 문제를 협의하기 위해 1943년 11월 20일 이집트 카이로에서는 미국 대통령 루스벨트, 영국 수상 처칠, 중국 총통 장개석 등이 카이로에서 회담을 가졌다.

이 카이로회담에서는 일본 패전 후의 한국 및 일본의 영토 처리 문제에 대하여 중대한 합의를 하였는데, 그 일부를 인용하면 다음과 같다.

위 연합국의 목적은 일본국으로부터 1914년 제1차 세계대전 개시 이후에 일본국이 장악 또는 점령한 태평양(太平洋)의 모든 도서들을 박탈할 것과 아울러 만주(滿洲), 대만(臺灣), 팽호도(澎湖島) 등 일본국이 중국인들로부터 절취한 일체의 지역을 중화민국에 반환함에 있다. 또한 일본국은 그가 폭력(暴力)과 탐욕(貪慾)에 의하여 약취(掠取)한 모든 다른 지역으로부터도 축출될 것이다.

위의 3대국은 조선 민중의 노예상태에 유의하여 적당한 시기에 조선이 자유롭게 되고 독립되게 할 것을 결의하였다.[2]

위의 카이로선언에서 일본으로부터 반환받고 일본이 축출되어야 할 지역으로 규정한 곳은 세 범주였다. 즉 ① 미국과 영국의 입장을 반영하여 1914년 제1차세계대전 개시 이후에 일본이 장악 또는 점령한 태평양 안에 있는 모든 도서들, ② 1894~1895년 청·일전쟁 이후 일본이 중국으로부터 빼앗은 만주(滿洲), 대만(臺灣), 팽호도(澎湖島) 등, ③ 일본이 폭력과 탐욕에 의하여 약취(掠取)한 모든 다른 지역들이다. 그리고 이 선언은 이어 한국의 독립을 약속하였다.

여기서 한국의 영토는 ③의 "일본국이 폭력과 탐욕에 의하여 약취한 모든 다른 지역"의 범주에 포함되며, 그 상한(上限)은 1894~1895년 청·일전쟁 때 중국으로부터 일본이 빼앗은 영토에서 축출되는 데에서 알 수 있는 바와 같이, 비단 1910년부터만이 아니라 그 이전에라도 일본이 약취한 한국 영토가 있기만 하면 일본은 축출되

---

2) 《韓日關係參考文書集》, "The Cairo Declaration", p. 1.

고, 독립된 한국에 반환되어야 함을 명백히 선언한 것
이었다. 따라서 일본이 대한제국으로부터 1905년에 약
취한 독도가 여기에 포함됨은 물론 분명한 사실이었다.

3. 포츠담선언의 영토 조항

카이로선언은 미국·영국·중국의 3대 연합국에 의한
공동선언이며, 그 자체가 처음부터 일본을 구속한 것은
아니었다. 그러던 것이 그 뒤 일본이 1945년 7월 26일
의 미국·영국·소련의 '포츠담선언'을 8월 14일에 무조
건 수락하였고, 같은 해 9월 2일에는 이 무조건 수락을
성문화한 항복문서에 조인함으로써 이 선언의 제8항
"카이로선언의 모든 조항은 이행될 것이며, 일본국의
주권은 본주(本州), 북해도(北海島), 구주(九州), 사국(四國)
과 우리들이 결정하는 제소도(諸小島)에 국한될 것이다"
는 규정에 따라 일본을 구속하는 국제 문서가 되었다.[3]
일본은 1945년 '포츠담선언', 그리고 '카이로선언'도 일
본에게 구속력을 갖게 되었고, 일본은 이 선언들에 대
한 의무를 지게 되었다. 즉 포츠담선언에 의하여 전후

---

3) 李漢基, 《韓國의 領土》, 서울대출판부, 1969, p. 264 참조.

일본의 영토는 '본주·북해도·구주·사국과 연합국이 결정하는 제소도(諸小島)'로 명확하게 한정되었다. 독도가 일본 영토가 되려면 그 후 '연합국이 독도를 일본 영토라고 규정해야 하는' 조건이 여기서 명확히 설정되어야만 하였다. 그러나 연합국은 독도를 일본 영토라고 규정한 일이 없었을 뿐만 아니라 독도를 일본이 오래전에 한국으로부터 약취한 섬으로 간주한 것이었다.

일본은 항복문서에서 "우리(일본)는……1945년 7월 26일 포츠담에서 미국·중국·영국의 정부 수뇌들에 의하여 발표되고, 그 후 소련에 의해 지지된 선언에 제시한 조항들을 수락한다.……우리는 이후 일본 정부와 그 승계자가 포츠담선언의 규정을 성실히 수행할 것을 확약한다"고 조인하였다.

이제 일본은 1894~1895년 이후에 그의 '폭력과 탐욕에 의하여 약취한' 한반도와 독도를 포함한 한반도의 부속 도서에서 축출당하는 것으로 약속된 것이다.

제 12 장
연합국 최고사령부 지령 제677호와 독도의 한국 반환

1. 연합국 최고사령부 지령 제677호의 '일본의 정의'

연합국은 일본이 1945년 8월 15일 연합국에 항복하여 1945년 9월 2일 항복문서에 조인하고, 동경에 연합국 최고사령부(General Headquarters Supreme Commander for the Allied Powers ; 약칭 GHQ)가 설치되어 일본의 통치를 담당하게 되자 '카이로선언'과 '포츠담선언'의 여러 규정을 집행하기 시작하였다.

연합국 최고사령부는 1946년 1월 29일 '약간의 주변 지역을 정치상·행정상 일본으로부터 분리하는 데 관한 각서'(Memorandum for Governmental and Administrative

Seperation of Certain Outlying Areas from Japan)를 연합
국 최고사령부 지령(통칭 SCAPIN ; Supreme Command
Allied Powers Instruction의 약칭) 제677호로 발표하고 일
본 정부에 보냈다.

이 연합국 최고사령부 지령 제677호는 일본의 항복문
서를 집행하기 위하여 ‘일본의 영토와 주권의 행사 범
위’를 정의한 것이었다. 연합국 최고사령부는 이것을
‘일본의 정의’(the definition of Japan)라고 표현하였는데,
여기에는 일본의 영토와 정치적 행정적 권리행사의 범
위가 명백히 정의되어 있다.

이 연합국 최고사령부 지령 제677호에서는 독도
(Liancourt Rocks ; 竹島)가 일본 영토로부터 분리되어 제
외됨을 제 3 조에서 다음과 같이 규정하였다.

이 지령의 목적을 위하여 일본은 일본의 4개 본도(本
州·北海島·九州·四國)와 약 1,000개의 더 작은 인접
섬들을 포함한다고 정의된다. (1,000개의 작은 인접 섬
들에) 포함되는 것은 대마도(對馬島) 및 북위 30도 이
북의 유구(琉球 ; 南西)제도(諸島)이다. 그리고 제외되는
것은 (a) 울릉도, 리앙꾸르암(Liancourt Rocks ; 獨島,
竹島), 제주도, (b) 북위 30도 이남의 유구(南西) 제도(口
之島 포함), 이두(伊豆), 남방(南方), 소립원(小笠原) 및

화산[琉黃]군도와 대동제도(大東諸島), 충조도(冲鳥島),
남조도(南鳥島), 중지조도(中之鳥島)를 포함한 기타 모
든 외부 태평양 제도, (c) 쿠릴(千島)열도, 치무군도(齒
舞群島 ; 小晶·勇留·秋勇留·志癸·多樂島 등 포함),
색단도(色丹島) 등이다.[1]

연합국 최고사령부 지령 제677호 제3항에 의하여 독
도는 일본 영토로부터 완전히 제외된 것이다.

2. 연합국 최고사령부에 의한 독도의 한국 반환

여기서 주목할 것은 그 집단분류이다. 위의 연합국
최고사령부 지령 제677호는 일본의 영토와 정치적 행정
적 주권 행사로부터 제외해야 할 곳을 (a), (b), (c)의 3
개 범주로 집단분류하면서 (a) 집단 안에 '울릉도·독
도·제주도'의 3개 섬을 이 순서대로 포함시키고 있다.
이것은 연합국 최고사령부가 대일본제국을 해체시킴
에 임하여 일본 영토에 포함시킬 대상의 섬들을 조사한
후에, 일본 영토의 섬들과 한국 영토의 섬들을 구분할
때 '울릉도·독도·제주도'를 명백하게 일본 영토에서

---

1) 《獨島關係資料集 — 往復外交文書(1952~1976)》, p. 150 ; 李漢基, 《韓
國의 領土》, 서울대출판부, 1969, p. 266 참조.

제외하도록 규정하였다. 그리고 장차 독립할 한국에 반환될 한국 영토로 처리하여 미 군정 산하로 이관하도록 한 것이었다. 연합국 최고사령부 지령 제677호 제4조에는 '한국'(Korea) 역시 일본의 영토와 주권행사로부터 제외될 지역으로 규정되어 있다.

3. 연합국 최고사령부 지령의 수정 조건

이 연합국 최고사령부 지령 제677호에 의하여 독도는 1946년 1월 29일자로 미 군정을 거쳐서 한국에 영구히 반환되었다.

현재의 일본 정부는 독도 영유권 논쟁을 시작한 직후에, 연합국 최고사령부 지령 제677호 제6조의 "이 지령 가운데 어떠한 것도 포츠담선언 제8조에 언급된 제소도(諸小島)의 최종 결정(the ultimate determination of the minor islands)에 관한 연합국의 정책을 표시한 것은 아니다"고 한 조항을 들어서 이것이 일본 영토를 규정한 것이 아니라고 주장하였다.[2]

그러나 이 연합국 최고사령부 지령 제677호 제6조에

---

2) 〈往復文書, 1952년 4월 25일자 日本側 口述書〉, 《資料集》, p. 8 참조.

서 강조된 것은 복잡 미묘한 연합국들의 이해관계 속에서 다른 연합국들의 만일의 이의 제기에 대비해서 '최종 결정'이 아니라 필요하면 앞으로 수정할 수 있다는 가능성을 열어둔 것에 불과하고, 명백하게는 일본 영토를 규정한 것이었다.

이 사실은 연합국 최고사령부 지령 제677호 제5조에 "이 지령에 포함된 일본의 정의는 그에 관하여 다른 특정한 지령이 없는 한, 본 연합국 최고사령부로부터 발하는 모든 지령·각서·명령에 적용된다"고 하여, 이 지령의 '일본의 정의'에 변경을 가하고자 할 때에는 반드시 연합국 최고사령부가 그에 관한 '다른 특정한 지령'을 발해야 하며, 그렇지 않은 한 이 지령의 '일본의 정의'가 미래에도 적용됨을 밝힌 곳에서도 잘 알 수 있다. 즉 연합국은 이 지령이 최종 결정이 아니기 때문에 이 지령에 이의를 제기하여 수정할 수도 있으나, 이 지령에서 규정한 '일본의 정의'에 수정을 가하게 될 때에는 연합국 최고사령부가 그에 관한 '별도의 특정한 지령'을 내려야 하도록 규정한 것이었다.

예컨대 연합국 최고사령부는 1946년 1월 29일 연합국 최고사령부 지령 제677호로써 독도를 울릉도 및 제주도와 함께 일본 영토에서 제외시켰는데, 만일 미래에 이를 수정하여 독도를 일본 영토에 포함시키고자 하는 경우에는 연합국 최고사령부(또는 연합국)가 일본 영토에서 제외하였던 독도를 수정하여 일본에 부속시킨다는 내용의 그에 관한 '별도의 특정한 지령'을 발해야 하며, 그렇지 않은 한 이 지령은 미래에 모두 유효하다는 것이었다.

연합국 최고사령부 또는 연합국은 1946년 1월 29일의 연합국 최고사령부 지령 제677호에서 독도를 일본 영토에서 제외한다는 지령을 내린 후에 일본이 완전 독립할 때까지 이를 수정하는 지령을 내린 바 없으니, 이 연합국 최고사령부 지령 제677호에 의하여 독도는 이때에 일본 영토로부터 완전히 분리·제외되어 한국 영토로 영구히 반환되었던 것이다.

4. 연합국 최고사령부 지령 제1033호의 독도 한국 영토 재확인

연합국 최고사령부는 지령 제677호에 의하여 1946년 1월 29일자로 독도(Liancourt Rocks)를 주한 미 군정에 이관하고, 이어서 1946년 6월 22일 연합국 최고사령부 지령 제1033호 제3항에 '일본인의 어업 및 포경업(捕鯨業)의 허가구역'(통칭 맥아더 라인 ; MacAthur Line)을 설정하여, 그 제3항 (b)에서 일본인의 독도 접근을 다음과 같이 금지하였다.

일본인의 선박 및 승무원은 금후 북위 37도 15분, 동경 131도 53분에 있는 리앙꾸르암(Liancourt Rocks ; 獨島, 竹島—인용자)의 12해리 이내에 접근하지 못하며 또한 동도(同島)에 어떠한 접근도 하지 못함.[3]

이것은 연합국 최고사령부가 독도를 일본의 지리적 범위(영토)에서 완전히 제외하여 한국 영토로 결정한 것을 다시 확인한 것이며, 독도를 이미 울릉도와 제주도와 함께 주한 미 군정에 이관시켰음을 의미하는 것이다.

이와 같이 연합국 최고사령부가 독도를 미 군정 아래에 있는 한국에 반환하자, 미 군정 아래의 한국에서는 1947년 8월 16~25일의 10일간 군정청 교육부 국사관장(國史館長)을 단장으로 한 학술조사단을 독도에 파견하여 조사활동을 벌였다.

그리고 뒤이어 1948년 8월 15일 대한민국 정부가 수립되고 미 군정이 폐지되자, 독도는 자연스럽게 다른 영토와 함께 미 군정으로부터 반환되어 대한민국 영토

---

3) 〈往復文書, 1953년 7월 13일자 日本側 口述書(No. 186/A2)〉, 《資料集》, p. 18 참조.

의 일부로 회복되었던 것이다.

대한민국 정부가 수립되기 직전인 1948년 6월 30일, 미국 공군기가 폭격 연습을 하던 중에, 독도에 출어중이던 한국어부 약 30명이 폭격에 희생된 일이 있었다. 대한민국 정부는 정부 수립 후인 1950년 4월 25일 미 제5공군에 이를 조회하였는데, 미 제5공군으로부터 1950년 5월 4일자로 "독도와 그 근방에 출어가 금지된 사실이 없었다는 것과 또 독도는 극동 공군의 연습 목표로 되어 있지 않았다"는 공식 회답을 받았다. 그 후 한국전쟁 중에 독도가 미·일합동위원회에 의하여 미 공군의 연습기지로 선정되었다는 소식에 대해서 대한민국 정부로부터 항의를 받은 미 공군사령관은, 대한민국 정부에게 1953년 2월 27일자로 독도는 미 공군을 위한 연습기지 선정으로부터 제외되었다는 공식 서한을 보내왔다.[4]

이러한 사실들은 연합국 최고사령부가 지령 제677호에 의하여 독도를 한국 영토로 결정하여 1946년 1월 29일자로 한국(당시 미 군정)에 반환하였으며, 1948년 8월 15일 대한민국 정부가 수립되자 독도도 다른 영토와 함께 자동적으로 인수 반환되어 대한민국 정부가 독도에

---

4) 〈往復文書, 1953년 9월 9일자 韓國側 口述書〉, 《資料集》, pp. 39~40 참조.

대한 주권을 회복하였음을 잘 나타내주는 것이다.

그리고 연합국 최고사령부가 한국으로 독도를 반환한 것은 서기 512년부터 독도가 한국 영토로 되어 내려온 역사적 진실과 완전히 합치하는 정당한 처리였음을 확인할 수 있다.

제13장 맺 음 말
─독도 영유권 논쟁의 재개와 일본의 도전

1. 일본의 독도 영유권 논쟁 재개

　해방 후 한·일간에 독도 영유권 논쟁이 시작된 것은 1952년에 일본 정부에 의해서이다. 대한민국 정부는 1952년 1월 18일 '인접 해양의 주권에 대한 대통령 선언'(통칭 '평화선 선포')을 발표하였는데, 이 책에서 밝힌 바와 같이 독도는 서기 512년 이래 명백하게 한국 영토이기 때문에 그 평화선 안에 독도와 그 영해가 포함되는 것이 당연한 일이었다.

　그러나 일본 정부는 열흘 후인 1952년 1월 28일 평화선 선포에 항의함과 동시에 독도(일본 명칭 竹島)의 한국 영유를 인정할 수 없다는 다음과 같은 외교문서(구술서)를 한국 정부에 보내왔다.

> 뿐만 아니라 대한민국의 선언은 일본해(東海-인용자)에 있는 죽도(竹島 또는 Liancourt rocks라고 알려져 있음)라고 알려져 있는 섬에 대하여 영유권을 가졌다고 전제한 것처럼 보인다. 일본 정부는 의문의 여지 없이 일본 영토인 이 섬에 대한 대한민국의 그러한 가정이나 주장을 인정하지 아니한다.[1]

대한민국 정부는 이에 대하여 1952년 2월 12일 일본 측의 주장을 반박하는 외교문서(구술서)를 일본 외무성에 발송하였다.[2] 이에 대해 다시 일본 정부는 1952년 4월 25일 한국 정부의 주장을 재반박하는 외교문서를 보내오고, 한국 정부는 다시 이에 비판을 가하여 독도 영유권 논쟁이 본격적으로 전개되어 오늘까지 이어져 오고 있다.

그리고 일본 정부는 1996년 2월부터는 군사력 증강 및 팽창주의 정책의 채택에 보조를 맞추어, 더욱 본격적으로 독도 영유권을 주장하면서 한국 민족에게 도전

---

1) 〈往復文書, 1952년 1월 28일자 日本側 口述書〉, 《資料集》, p. 2 참조.
2) 〈往復文書, 1952년 2월 12일자 韓國側 口述書〉, 《資料集》, p. 6 참조.

해 오고 있다.

2. 일본 정부의 독도 영유권 주장의 논거와 허구성

일본 정부 주장의 요점을 크게 나누어 보면, ① 독도가 한국의 고유영토가 아니라 일본의 고유영토라는 주장, ② 독도가 무주지였던 것을 1905년 2월 일본이 먼저 점령하였다는 주장, ③ 일본의 독도 '영토 편입'에 대해 대한제국으로부터 항의를 받은 바 없다는 주장, ④ 일본 정부가 승인하여 반환한 지역은 1910년 8월의 '한·일병합조약' 당시의 한국 영토에 대한 것이고, 그 이전인 1905년에 일본 영토에 편입된 지역에는 해당되는 것이 아니라는 주장, ⑤ 일본의 명치 정부는 독도가 일본 영토임을 잘 알고 있었으며 그것을 한국 영토로 인정한 적이 한 번도 없었다는 주장, ⑥ 연합국 최고사령부의 지령(SCAPIN) 제677호는 일본 영토에 대한 규정이 아니라 행정상의 임시조치였다는 주장 등이 핵심을 이루는 것이었다.

일본측의 이러한 주장들에 대한 당시 한국 정부는 독도 영유권에 대한 실증적 연구와 자료발굴 부족으로 충분히 반박하지 못하였다. 일본측은 상세한 연구결과에 의거해 독도가 일본 영토임을 주장하는 장문의 '일본 정부 견해'를 네 차례나 보내왔는 데 비해 한국 정부는 장문의 '한국 정부 견해'를 세 차례만 보내고 네번째 장문의 '일본 정부 견해'에 대해서는 한국 정부의 견해를 보내지 못하였다. 그러나 일본 외무성에 보낸 세 차례의 '한국 정부 견해'의 기본 줄기는 정당한 것이었다고 볼 수 있다.

그 후에 독도에 관해 발굴된 새로운 자료들에 의거하여 이 책의 본문과 같이 독도 영유권의 역사적 과정을 정리해 보면, 일본 정부의 주장들은 모두가 허구적인 오류이며, 독도는 한국의 고유영토이고 한국에 독도 영유권이 귀속된다는 사실은 명료하게 증명된다.

이 책의 본문에서 충분히 밝혀진 바와 같이, ① 독도는 512년부터 한국의 고유영토가 되었으며, 일본에서 독도에 관해 최초로 언급한 문헌은 1667년의 《은주시청합기》인데, 이것마저 독도를 일본 영토가 아니라 한국 영토라고 증명하고 있다.

또한 ② 일본 제국주의자들은 1905년 2월 당시 독도가 무주지가 아니라 한국 영토임을 잘 알면서도 러·일전쟁을 위해 일본 해군 망루를 설치하려고 고의로 한국인들 몰래 독도를 침탈하였던 것임이 충분히 밝혀졌다.

③ 당시 일본의 독도 '영토 편입'에 대하여 한국측의 항의가 없었다는 주장도 전혀 사실이 아니며, 당시 대한제국 정부와 언론과 민간학자가 모두 이를 단호하게 거부하고 항의하였음이 실증자료에서 증명되었다.

그리고 ④ 일본의 초기 명치 정부가 독도를 일본 영토로 인지하였으며, 한국 영토가 아니라고 지적하였다는 주장은 전적으로 허구이며, 일본 명치 정부가 독도를 일본 영토가 아니라 한국 영토라고 인정하고 재확인한 사실이 명치 정부의 태정관·외무성·내무성·육군성·해군성의 외교문서와 공문서들과 지도들에 의해 명료하게 실증되었다.

또 ⑤ 연합국의 "일본국은 폭력과 탐욕에 의하여 약취한 기타 모든 지역에서 구축된다"는 영토 처리 원칙은 1910년 8월 한국병탄 때부터만 적용되는 것이 아니라 일제가 청·일전쟁에서 승리하여 이웃나라 영토들을 전리품으로 약취한 1895년부터 적용되며, 따라서 1905년에 침탈한 한국 영토인 독도에도 자동 적용된다는 사실도 지적되었다.

그리고 ⑥ 연합국 최고사령부의 지령(SCAPIN) 제677호는 '일본의 정의'(the definition of Japan)이며 영토 규정으로서, 연합국이 독도를 한국에 반환해야 할 정당성도 논증되었다.

만일 일본 정부가 앞으로도 계속 독도 영유권 논쟁을 계속하여 독도가 일본 영토라고 주장하는 경우에는 이들 실증자료들을 가지고 철저히 반박할 수 있음은 물론이다.

3. 한국 민족의 독립주권 수호 결의

일본 정부는, 명치 정부가 작성한 그들의 공문서들과 외교문서들에 의거해 독도가 한국 영토이며 일본 영토가 아님을 분명하게 인식하고 있으나, 과거 일본 제국주의자들의 침략정책을 계승하여 독도가 일본 영토라고 주장하고 있다. 특히 1996년 1월부터 유엔의 신해양법이 발효되어 200해리 배타적 경제전관수역의 설정, 선포가 가능하게 되자, 이 기회에 독도를 '분쟁지역'으로 만들고, 독도 근해를 '한·일 공동관리수역'으로 설정하거나, 또는 독도를 분쟁지역화해서 국제사법재판소로 끌고 가서 탈취해 보려는 정책을 강력하게 포석하며 강화하고 있는 것이다. 그러나 일본 정부는 다시 독도를 침탈하려 시도하는 것을 즉각 중단해야 할 것이다.

또한 한국 정부는 일본 정부의 독도 영유권 주장이

전적으로 부당한 것이고, 과거 일본 제국주의자들의 한국에 대한 침략정책을 계승하는 침략적 대외정책이며, 한국에게는 민족 문제를 제기하는 것임을 인식하고 더욱 단호한 대응정책과 독도 개발정책을 펴 나가야 할 것이다.

한국 민족은 최근 일본 정부와 정치계의 더욱 도전적인 독도 영유권 주장이, 단순한 바위섬의 문제가 아니라 한국 민족의 주권과 독립에 대한 정면 도전이며, 신일본의 한국 민족에 대한 팽창주의적 신제국주의적 도전임을 정확히 인식하고, 이에 대해 전민족적이고 적극적으로 대응함으로써 나라와 겨레의 독립주권과 존엄성을 굳게 지켜 나가야 할 것이다.

▎독도 영유권 관계 주요 참고문헌

1. 단행본

① 한 국

國土地理院,《독도측량·지도제작사업보고》, 1981.

金明基,《獨島와 國際法》, 화학사, 1987.

金元滉,《일본의 주장을 反證한 獨島論文集》, 남향문화사, 1975.

大韓公論社,《獨島》, 1965.

獨島學會,《獨島의 領有와 獨島政策》, 독도학회창립기념학술심포지움논문집, 1996.

獨島學會·獨立紀念館韓國獨立運動史研究所,《獨島領有問題와 民族意識》, 광복51주년기념학술심포지움논문집, 1996.

朴觀淑,《獨島의 法的 地位에 관한 研究》, 연세대 박사학위논문, 1969.

朴庚來,《獨島의 史法的 研究》, 일요신문사, 1965.

愼庸廈,《독도, 보배로운 한국영토》, 지식산업사, 1996.

――――,《독도의 민족영토사 연구》, 지식산업사, 1996.

安龍福將軍紀念事業會,《安龍福將軍》, 1967.

梁泰鎭, 《韓國邊境史研究》, 법경사, 1989.
外務部政務局, 《獨島問題槪論》, 외무부, 1955.
陸軍本部, 《獨島問題와 韓日關係》, 1977.
李漢基, 《韓國의 領土》, 서울대출판부, 1969.
자연보호중앙협의회, 《울릉도 및 독도 자연실태 종합학술보고서》,
    1996.
韓國近代史資料硏究協議會, 《獨島硏究》, 1985.
韓國史學會, 《울릉도·독도 학술조사연구》, 1978.
韓國精神文化硏究院, 《獨島問題 學術會議論文集》, 1996.
한상복, 《동해의 울릉군 독도 연구 자료집》, 한수당자연환경연구원,
    1996.
韓日關係史硏究會, 《독도와 대마도》, 지성의 샘, 1996.
黃相基, 《獨島領有權解說》, 근로학생사, 1954.

② 일 본

高野雄一, 《日本の領土》, 東京大學出版會, 1962.
大熊良一, 《竹島史稿》, 原書房, 1968.
島根縣公報文書課, 《竹島關係誌料》, 1963.
島根縣敎育會, 《島根縣誌》, 1923.
島根縣隱岐支廳, 《隱岐島誌》, 1932.
北澤正誠, 《竹島考證》, 1881.
寺尾五郞·佐藤藤巳, 《日本の漁業と日韓條約》, 日本朝鮮硏究所, 1965.
上地龍典, 《尖閣列島と竹島》, 敎育社, 1978.
安岡昭男, 《明治維新と領土問題》, 1980.
奧原碧雲, 《竹島及鬱陵島》, 報光社, 1907.
日本外務省條約局, 《竹島の領有》, 1953.
田中豊治, 《隱岐島の歷史地理學的硏究》, 古今書院, 1979.
田村淸三郞, 《島根縣竹島の新硏究》, 島根縣, 1965.
川上健三, 《竹島の歷史地理學的硏究》, 古今書院, 1966.

2. 논 문

① 한 국

姜泳勳, 〈獨島의 法的 지위〉, 《海大論文集》 21, 1977.

金大明, 〈國際法上 獨島의 지위〉, 대구대 석사학위논문, 1992.

金明基, 〈獨島領有權과 한·일합방조약의 무효〉, 《외교》 38, 1996.

———, 〈獨島問題에 대한 國際司法裁判所의 관할권에 관한 연구〉, 《국제법학회논총》 27-2, 1982.

———, 〈獨島의 領有權과 第2次大戰의 종료〉, 《국제법학회논총》 30-1, 1985.

김병렬, 〈獨島領有權 논쟁과 배타적 경제수역〉, 《외교》 38, 1996.

金聖洙, 〈先占理論과 獨島歸屬〉, 《Fides》(서울법대) 10-2, 1963. 8.

金成煥, 〈獨島論考〉, 《경상남도연구소논문집》 2-1, 1967.

金元湜, 〈日本外務省 "獨島報告書"를 비판한다 — 또 하나 日本의 對韓外交의 오점〉, 《사상계》 1964. 12.

金有河, 〈다시금 獨島問題에 대하여 — 島根縣編入의 史的 배경을 중심으로〉, 《漢陽》 5-5, 1966.

金正均, 〈獨島問題에 대한 國際法的 고찰〉, 《국제법학회논총》 25-1·2, 1980.

———, 〈中井養三郎의 소위 '獨島編入 및 貸下請願'에 관한 연구〉, 《국제법학회논총》 27-2, 1982.

朴觀淑, 〈獨島領有權問題〉, 《한국사회과학논집》 1, 1965.

———, 〈獨島의 法的 地位〉, 《국제법학회논총》 창간호, 1956.

朴大鍊, 〈獨島는 한국의 영토〉, 《漢陽》 1964. 9.

朴鐘聲, 〈경제수역 基線으로서의 獨島에 관한 연구〉, 《국제법학회논총》 23-1·2, 1978.

白忠鉉·宋炳基·愼鏞廈, 〈獨島問題 재조명〉, 《한국학보》 24, 1981.

孫相潤, 〈獨島領有權문제에 대한 소고〉, 전남대 석사학위논문, 1975.

宋炳基,〈일본의 '량고島'(獨島) 영토편입과 울릉군수 沈興澤報告書〉,
　　《윤병석교수화갑기념 한국사학논총》, 1990.
──── ,〈조선후기 高宗朝의 鬱陵島搜討와 개척〉,《최영희교수화갑
　　기념 한국사학논총》, 1987.
申東旭,〈獨島領有論考〉,《국제법학회논총》 11-2, 1966.
──── ,〈獨島와 國際裁判〉,《신기석박사화갑기념학술논문집》, 1968.
申奭鎬,〈獨島의 所屬에 대하여〉,《史海》 창간호, 1948. 1.
愼鏞廈,〈獨島領有의 역사적 고찰〉,《외교》38, 1996.
──── ,〈獨島問題와 獨島領有權 귀속〉,《일본평론》 7, 1993.
──── ,〈獨島主權, 사활걸린 民族問題이다〉,《신동아》 1996. 4.
──── ,〈일제하의 獨島와 해방직후 獨島의 返還과정 연구〉,《한국
　　사회사연구회논문집》 34 ;《한국의 민족문제와 일본제국주의》,
　　문학과지성사, 1992.
──── ,〈朝鮮王朝의 獨島領有와 日本帝國主義의 獨島侵略〉,《한국
　　독립운동사연구》3, 1989.
──── ,〈한국의 固有領土로서 獨島領有에 대한 역사적 연구〉,《한
　　국사회사연구회논문집》 27 ;《한국의 전통사회와 신분구조》,
　　문학과지성사, 1991.
申芝鉉,〈獨島領有에 대한 一硏究 ─ 신라부터 조선초기까지를 중심
　　으로〉,《인천교대논문집》 22, 1988.
申熙錫,〈紙上 獨島判決〉,《정경문화》 1981. 3.
吳駿泳,〈이조말엽의 韓國地圖 ─ 地圖에 나타난 日本의 韓國侵略〉,
　　《思潮》 1~2, 1958.
劉元東,〈獨島 및 울릉도 領有에 관한 史的 고찰〉,《淑大史論》 3,
　　1968.
劉哲鐘,〈獨島領有權論〉, 전북대 석사학위논문, 1967.
柳洪烈,〈獨島는 鬱陵島의 屬島〉,《사상계》 1960. 8.
尹秉益,〈獨島의 領有權에 관한 法的 연구〉, 경희대 석사학위논문,
　　1984.

李丙燾, 〈獨島 명칭에 대한 史的 고찰〉,《趙明基博士華甲紀念佛敎史
　　學論叢》, 1963.
李相運, 〈獨島의 法的 地位〉,《하늘》3, 공군사관학교, 1966.
李宣根, 〈近世 鬱陵島問題와 檢察使 李奎遠의 探險成果〉,《대동문화
　　연구》1, 1963.
李崇寧, 〈내가 본 獨島 ― 현지 답사기〉,《희망》1953. 5.
李信成, 〈獨島의 영유권에 관한 법적 연구〉, 경남대 석사학위논문,
　　1991.
李鍾後, 〈獨島의 領有權에 관한 연구〉, 경희대 석사학위논문, 1982.
李仲範, 〈獨島에 대한 島根縣告示 제40호의 문제점〉,《국제법협회논
　　총》2, 1986.
李　燦, 〈韓國古地圖에서 본 獨島〉,《울릉도·독도 학술조사연구》,
　　1978.
李喆雨, 〈獨島領有權에 관한 政治史的 고찰〉, 동아대 석사학위논문,
　　1971.
李漢基, 〈Critical Date의 연구〉,《국제법학회논총》11-1, 1966.
―――, 〈Minquiers 및 Ecrehos 諸島의 主權에 관한 國際判例와 獨
　　島問題〉,《아세아학보》1, 1965.
―――, 〈국제분쟁과 재판 ―獨島問題의 裁判付託性에 관련하여〉,《법
　　학》10-1, 1968.
―――, 〈獨島問題의 재확인〉,《신동아》1978. 7.
―――, 〈법률적 논쟁과 정치적 논쟁의 구별 ―獨島門題는 재판에
　　부탁할 수 있는가〉,《신기석박사화갑기념논문집》, 1968.
李鉉淙, 〈조선후기 獨島의 관할〉,《울릉도·독도 학술조사연구》,
　　1978.
李弘稙, 〈鬱陵島搜討官關係碑(二)〉,《고고미술》3-7, 1962.
任德淳, 〈獨島의 政治地理學的 고찰〉,《부산교육대학연구보고》8-1,
　　1972.
田鍾甲, 〈獨島領有權 歸屬에 관한 법적 고찰〉, 연세대 석사학위논문,

1981.

曺永珍, 〈獨島領有權問題에 관한 연구〉, 국방대학원 석사학위논문,
    1996.

朱孝敏, 〈獨島가 日領이 될 경우〉,《사상계》1960. 8.

崔圭莊, 〈獨島守備隊 秘史〉,《獨島》, 1965.

崔南善, 〈울릉도와 독도〉,《서울신문》1953. 8. 10.~9. 7.

崔相龍, 〈안보적으로 본 獨島〉,《신동아》1978. 7.

河寶熙, 〈獨島領有權에 관한 法史的 고찰〉, 동아대 석사학위논문,
    1977.

韓奎浩, 〈참극의 獨島 — 독도사건 현지보고〉,《新天地》1948. 7.

韓相復, 〈해양지리사에 나타난 鬱陵島와 獨島〉,《현대해양》 127,
    1980. 11.

韓英鳩, 〈獨島와 先占理論의 不當性〉,《국제문제》79호, 1979.

韓亨健, 〈韓日併合의 無效와 獨島의 法的 지위〉,《국제법학회논총》
    27-2, 1982.

韓贊奭, 〈獨島秘史 — 安龍福小傳〉,《동아일보》1962년 2월(大韓公論
    社,《獨島》, 1965에 재수록).

咸舜鎔, 〈韓日紛爭問題의 法的 고찰〉,《法政》1957. 8.

洪以燮, 〈독도는 엄연한 韓國領土〉,《法政》1954. 10.

黃相基, 〈獨島問題 연구〉, 서울대 석사학위논문, 1954.

Lee, Byung-joe, "Legal Status of Dokdo",《국제법학회논총》8-2,
    1963.

Lim, Ki-Yop, "The Issue of Territorial Sovereignity over Tokdo",
    Korea and World Affairs 1-1, 1977.

② 일 본

皆川洸, 〈竹島紛爭とその解決手續〉,《法律時報》37-10, 1965.

皆川洸, 〈竹島紛爭と國際判例〉,《國際法學の諸問題》, 慶應通信, 1963.

高秉雲,〈獨島は 朝鮮固有の 領土てぁる〉,《統一評論》1977. 6.

高野雄一,〈平和條約と 日本の 領土〉,《國際法外交雜誌》49-4, 1951.

堀和生,〈1905年日本の 竹島領土編入〉,《朝鮮史研究會論文集》24, 1987.

吉岡吉典,〈'竹島問題'とは なにか〉,《朝鮮研究月報》11, 1962.

金晉根,〈獨島領有に 關する 考察,　史料に よる 科學的問題解決策〉,《ア
　　　ジア公論》7-2, 1978.

大口里子,〈竹島(獨島)關聯資料目錄〉,《アジア・アフリカ 資料通報》
　　　17-2, 1980.

大熊良一,〈竹島史論の 一斷面〉,《アジア公論》3-12, 1974.

大平善梧,〈李ラインと 竹島の 問題點〉,《日本及日本人》, 1958.

───,〈竹島の 歸屬問題〉,《日本及日本人》, 1958.

梶村秀樹,〈竹島=獨島問題と 日本國家〉,《朝鮮研究》182, 1978.

栢原昌三,〈太平洋問題としての 竹島回顧〉,《歷史と 地理》 3-6・4-1,
　　　1919.

山邊健太郎,〈竹島問題の 歷史的展望〉,《コリア 評論》7-2, 1965.

森田芳夫,〈竹島領有をめぐる 日韓兩國の 歷史上の 見解〉,《外務省調査
　　　月報》2-5, 1961.

小村亮壽,〈竹島の 歸屬をめぐって〉,《歷史敎育》13-10・11, 1966.

水上公男,〈竹島紛爭要點〉,《日本及日本人》1963.

植田捷雄,〈竹島の 領屬をめぐる 日韓紛爭〉,《一橋論叢》54-1, 1965.

奧原碧雲,〈竹島沿革考〉,《歷史地理》8-6, 1906.

外務省情報文化局,〈竹島の 領有權問題の 國際司法裁判所への 付託につ
　　　き 韓國政府に 申入れについて〉,《海外調査月報》1954. 11.

田保橋潔,〈鬱陵島その 發見と 領有〉,《靑丘學叢》3, 1931.

───,〈鬱陵島の 名稱に 就いて(補)〉,《靑丘學叢》4, 1931.

田中阿歌麻呂,〈隱岐國竹島に 關する 地理學上の 知識〉,《地學雜誌》
　　　210, 1906.

───,〈隱岐國竹島に 關する 舊記〉,《地學雜誌》200-202, 1905.

田川孝三,〈竹島領有に 關する 歷史的考察〉,《東洋文庫書報》20, 1988.

祖川武夫, 〈竹島紛爭〉, 《國際法外交雜誌》 64-4・5. 1966.

中村榮孝, 〈'磯竹島'(鬱陵島)についての覺書 ― 日韓兩國間の'竹島'問題に關聯して〉, 《日本歷史》 158, 1961.

―――, 〈鬱陵島の名稱について〉, 《靑丘學叢》 12, 1932.

中村拓, 〈地圖に現われた竹島について〉, 《外務省調書》, 1953.

崔書勉, 〈古地圖から見た獨島〉, 《統一日報》 1981. 5. 27~5. 29.

秋岡武次郎, 〈日本西南海の松島と竹島〉, 《社會地理》 27, 1950.

太壽堂鼎, 〈竹島紛爭〉, 《國際法外交雜誌》 64-4・5. 1966.

太田異舜, 〈竹島について〉, 《地理》 6-2, 1961.

樋畑雪湖, 〈日本海に於ける竹島の日鮮關係について〉, 《歷史地理》 55-6, 1930.

坪井九馬三, 〈鬱陵島〉, 《歷史地理》 38-3, 1921.

―――, 〈竹島に就いて〉, 《歷史地理》 56-1, 1930.

浦田政雄, 〈竹島問題 1・2〉, 《對馬風土記》 2~3, 1966~1967.

後宮處郎, 〈竹島領土權問題を考える〉, 《世界週報》 59-38, 1978. 9.

찾아보기

ㄱ

고지도(古地圖)　60
공도정책(空島政策)　45, 109
　；～ 폐기　111
관광구역　18
《관보》(官報)　126
국제사법재판소　200
《권기》(權記)　38
귤진중(橘眞重)　75
기죽도(磯竹島)　64
김대건(金大建)　61
김옥균(金玉均)　116
김유립(金柔立)　36
김인우(金麟雨)　45, 50
김자주(金自周)　56

ㄴ

남구만(南九萬)　78
남회(南薈)　53

ㄷ

대곡심길(大谷甚吉)　66
《대한매일신보》(大韓每日申報)
　171
〈대한여지도〉(大韓輿地圖)
　122
〈대한전도〉(大韓全圖)　122
대한제국 외부(外部)　164
대한제국 칙령 제41호　125
덕천가강(德川家康)　65
덕천막부 관백　81
도근현(島根縣)　17, 19；～청
　(島根縣廳) 고시　158
독도(獨島)　17, 29, 72, 129,
　133, 186；～ 망루　142, 161
　；～ 영유권 논쟁　196；～
　영토논쟁 20；～ 침탈　154
독섬(돌섬)　128
《동국여지승람》(東國輿地勝覽)
　58

〈동국지도〉(東國地圖)　61
동남제도개척사 겸관포경사(東
　南諸島開拓使兼管捕鯨事)
　116
동도(東島)　17
동해　18

ㄹ

라뽀르테(E. Laporte)　124,
　132
러·일전쟁　139, 164
리앙꾸르도　108, 132
〈리앙꾸르도 영토 편입병 대하
　원〉151

ㅁ

《만기요람》(萬機要覽) 군정편
　(軍政篇)　27
《매천야록》(梅泉野錄)　172
목래선(睦來善)　76
무등평효(武藤平孝)　106
무릉(茂陵, 武陵)　32
무릉도　52, 56
무릉등처안무사(武陵等處按撫
　使)　45
무주지(無主地)　151
민암(閔黯)　76
민족 문제　201

ㅂ

박습(朴習)　45
박어둔(朴於屯)　74

박영효(朴泳孝)　115
배계주(裵季周)　118
배타적 경제전관수역　18, 21
백길(白吉)　34
북택정성(北澤正誠)　110

ㅅ

《삼국사기》(三國史記)　25
〈삼국접양지도〉(三國接壤地圖)
　90
삼봉도(三峰島)　56
서도(西島)　17
석도(石島)　128, 129
성종(成宗)　56
세종(世宗)　49
《세종실록》지리지　27, 54
송도　28, 29, 94
수산자원　18
수토정책(搜討政策)　109
《숙종실록》(肅宗實錄)　29, 83
신(新)해양법　20, 200
《신증동국여지승람》(新增東國
　輿地勝覽)　58
심흥택(沈興澤)　133, 136, 166,
　167

ㅇ

안용복(安龍福)　30, 74, 83, 86
암창구시(岩倉具視)　102
연합국 최고사령부　19
연합국 최고사령부 지령
　제677호　179, 186, 187

연합국 최고사령부 지령 제
  1033호 190
《오하기문》(梧下記聞) 172
왜구(倭寇) 37, 41
우릉(羽陵, 芋陵) 32
우산·무릉등처안무사 50
우산국(于山國) 25
우산도(于山島) 29, 32, 48, 52
우용정(禹用鼎) 123
울도군 125, 128, 135
울릉(蔚陵, 鬱陵) 32
울릉도 18, 38, 72, 76, 135
울릉도·독도 논쟁 91
울릉도 검찰사 110
《은주시청합기》(隱州視聽合記)
  29, 71
을사조약 162, 164
이규원(李奎遠) 110
이사부 26
이수광(李睟光) 63
이원구(李元龜) 34
인접 해양의 주권에 대한 대통
  령 선언 195
일본 내무성 97
일본의 정의(the definition of
  Japan) 186, 199
일본 정부 견해 198
일본 제국주의(자) 20, 173
일본 태정관 100
일본 해군의 망루 143
임자평(林子平) 90

ㅈ

자산도(子山島) 30
장한상(張漢相) 80
재등풍선(齋藤豊仙) 71
전석규(全錫奎) 114
정상기(鄭尙驥) 61
정한론(征韓論) 109
조민(曺敏) 53
〈조선국교제시말내탐서〉(朝鮮
  國交際始末內探書) 94
〈조선동해안도〉(朝鮮東海岸圖)
  104
〈조선전도〉(朝鮮全圖) 61,
  104
종의방(宗義方) 81
종의윤(宗義倫) 81
종정무(宗貞茂) 42
죽도(竹島) 28, 64, 94 ; ～ 도
  해면허(竹島渡海免許) 66, 73
죽도일건(竹島一件) 87
중정양삼랑(中井養三郎) 146
《증보문헌비고》(增補文獻備考)
  30
〈지도구역일람도〉(地圖區域一
  覽圖) 176
《지봉유설》(芝峰類說) 63
지하자원 18

ㅊ

촌천시병위(村川市兵衛) 66
〈총회도〉(總繪圖) 90

최충헌(崔忠獻) 36
칙령(勅令) 제41호 125

ㅋ

카이로선언 180, 182, 185

ㅌ

태종(太宗) 42, 45
《태종실록》(太宗實錄) 47
토두(土豆) 34
통감부(統監府) 162, 165

ㅍ

〈팔도총도〉(八道總圖) 59

평화선 195
포츠담선언 182, 185
포츠머스조약 164

ㅎ

한국 정부 견해 198
항복문서 183
해저자원 18
〈해좌전도〉(海左全圖) 61
홍순목(洪淳穆) 114
《황성신문》(皇城新聞) 171
황현(黃玹) 172
황희(黃喜) 47

朝鮮土地調査事業硏究

愼鏞廈 著(서울大 교수)
신국판 / 반양장 292쪽 / 값 9,000원

朝鮮土地調査事業은 日本帝國主義의 우리나라에 대한 植民地政策의 기초작업이었으며, 그것이 우리나라 農村社會의 농민생활에 미친 영향은 실로 심대하였다. 따라서 일제 식민정책, 韓末과 日帝下의 農村社會의 構造, 3·1운동의 사회경제적 배경 등을 비롯하여 일제하의 한국사회와 경제를 알기 위해서는 반드시 조선토지조사사업을 고찰할 필요가 있다. 저자《再版序》에서. 文化公報部 우량도서 선정.

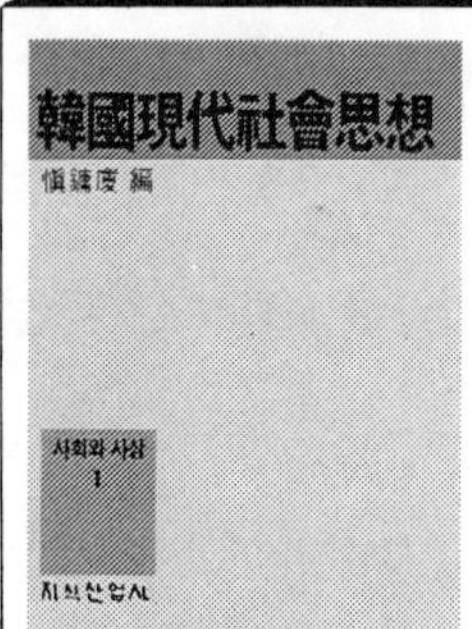

사회와 사상 1
韓國現代社會思想

愼鏞廈 編(서울大 敎授)
신국판 / 반양장 378쪽 / 값 7,000원

한국현대사에서 민족운동의 선봉에 서서 활약한 白巖 朴殷植·한흰샘 周時經, 島山 安昌浩, 丹齋 申采浩, 萬海 韓龍雲, 三均 趙素昻, 夢陽 呂運亨, 民世 安在鴻, 白凡 金九 등 아홉 분의 社會思想을 전문 연구자들이 본격적으로 분석·조명하여 재구성을 시도한, 이 방면의 연구로는 최초의 金字塔이다.

한국사회사상사

이은순 · 이배용 외 지음
신국판 / 반양장 406쪽 / 값 12,000원

원시시대부터 1900년대 전반까지 한국사회를 지배했던 사상의 흐름을 통시적으로 살핀 12편의 논문이 수록된 이 책은, 특히 한국사의 전개과정에서 사회변동기에 어떤 사상이 대두되어 어떠한 역할을 했는지, 그리고 그 사상이 어떠한 함의를 자니는지를 심도있게 파헤치고 있어서, 사상과 사회변동 혹은 사상과 시회의 관계를 밝히려는 역사학의 한 분야인 사회사상사에 귀중한 업적이 될 것으로 보인다.

韓國社會史硏究
——農業技術발달과 社會變動——

李泰鎭 著(서울大 교수)
신국판 / 반양장 380쪽 / 값 7,000원

우리나라의 前近代시대인 통일신라로부터 고려를 거쳐 조선왕조 후기에 이르기까지 1천 수백년간의 한국사회를 농업기술의 발달에 따른 생산력 향상이 사회변동에 어떠한 動力으로 작용했는가를 종합적으로 논증한 이 저술은 比較史的 입장에서 중국·일본의 농업 기술사를 깊이 있게 파악하면서 한국의 시·공간적 특수성을 분석한 업적이다. 月峰著作賞을 수상했다.

 ## 한국사연구입문

한국사연구회 편
신국판 / 반양장 572쪽 / **값** 8,000원

한국사 연구의 체계적 이해와 그 방향제시를 하고자 한국사연구회가 1981년에 《한국사연구입문》을 간행한 이후 5년간의 연구집적에 따라 구판으로는 현재 한국사 수준을 반영할 수 없어 개정을 요하게 되었기에 그동안의 연구결과와, 구판이 1987년도 《한국사연구입문》으로 집대성, 61명의 전공연구자가 수정이 아닌 새로이 집필한 전면 개정판이다.

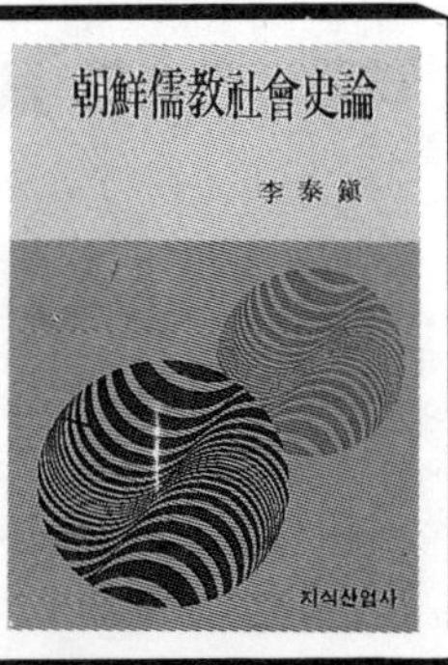

우리의 선사문화 I

이융조·우종윤·길경택·하문식·윤용현 저
크라운 / 반양장 240쪽 / 값 10,000원

선사시대 사람들의 문화를 총체적으로 파악할 수 있게 한 책. 유물분석에 국한하지 않고, 당시 문화의 場인 유적 중심의 문화해석을 하려고 노력하여 그 시대의 문화해석에 한층 도움을 준다. 〈구석기/ 중석기문화〉〈신석기문화〉〈청동기문화〉 등으로 엮어졌는데, 윤용현·길경택·하문식·이융조·우종윤 등이 참여했다.

朝鮮儒教社會史論

李泰鎭 著(서울大 교수)
신국판 / 반양장 286쪽 / 값 7,000원

우리 농업기술의 발달이 바로 성리학 정착의 기반이 되었음을 설파함으로써 조선사회의 발전과 유학간의 관계를 새롭게 연결짓는 입장을 보였으며, 당쟁을 종래의 부정적 관점에서 탈피하여 붕당정치라 하여 새롭게 긍정적으로 평가함으로써 성리학의 기능에 대하여도 시대적 합당성을 지니는 진일보한 중세 사유체제로 규정한 연구서이다.

증보판 朝鮮後期農業史研究 I

김용섭 지음
신국판 / 양장 627쪽 / 값 20,000원

이 책은 일제의 식민사관을 우리 농업문제를 중심으로 구체적인 실증을 통하여 타파한 역저이다. 저자는 양안(토지대장)과 호적대장 분석을 통하여 농촌경제나 이를 통해 드러난 사회변동을 추적하였고, 중세사회 해체기의 농업문제가 무엇이었으며, 농민층의 분화와 중세적인 지주 전호 관계의 해체와 경영형 부농의 형성, 중세사회의 사회구성과 농민층의 관련 등을 폭넓게 다루고 있다.

韓國民族主義의 成立과 獨立運動史研究

조동걸 저
신국판 / 455쪽 / 값 8,000원

이 책은 저자가 20년 동안 끈질기게 국내외에 산재한 원자료를 직접 찾고, 연구발표한 〈한국민족주의의 역사적 특질〉 등 15권의 논문을 분류 수록하였다. 1910년대의 민족논리편에서는 〈대동국결 선언〉의 해명을 통하여 3·1운동과 임시정부의 염원을 윌슨의 민족자결주의나 러시아의 10월혁명에 두는 오류를 통박하고 있다. 독자들이 이 책을 정독하면 할수록 많은 명제들을 하나같이 힘차고 구김없는 논리로 해명한 '역저'로 인식될 것이다.

韓國民族主義의 발전과 獨立運動史研究

趙東杰 著
신국판 / 반양장 436쪽 / 값 10,000원

의병전쟁부터 3·1운동까지를 다룬 글들을 통해 민족주의의 성립을 이해하려고 한 《韓國民族主義의 성립과 獨立運動史研究》의 후속작업으로, 이번 책에서는 3·1운동 후의 역사에 대하여 살펴보면서 민족주의가 발전하고 있는 양상을 추적한 글들을 모았다. 제1편 〈日帝强占期의 統治基調〉, 제2편 〈民族知性과 民族運動論〉, 제3편 〈民族主義의 발전〉으로 이루어져 있다.

韓國近代史의 試鍊과 反省

조동걸 저
신국판 / 358쪽 / 값 7,000원

우리의 근대사는 자유주의 실현의 문턱에서 그 모순의 물결에 밀려 희생이 강요되었던 시련의 역사이다. 즉 제국주의의 침략과 수탈의 기록으로 점철되어 있는 것이다. 때문에 우리들은 그 모순과 싸워야 했으니 우리의 근대사는 곧 독립운동사가 될 수밖에 없었다. 따라서 이 책은 독립운동사와 관련된 글로 엮어져 있다.

한국기독교와 민족의식

이만열
신국판 / 반양장 546쪽 / 값 9,000원

기독교와 민족주의는 서로 이해하고 공존할 수 있는가? '신앙과 민족과 역사'라는 기본구도 위에 한국기독교사가 종래 선교사의 차원에서만 서술 해석된 것에 이의를 제기하고 민족사적인 시각에서 접근하였으며, 기독교 초기와 관련해서는 전파 혹은 선교라는 시각보다는 수용이라는 입장을 분명히 하였고 한국적인 상황에 반응하는 기독교인의 동태에 관심을 모은 책이다.